Bircham International University

Doctor of Philosophy in Cognitive Psychology

Influencia de la tecnología en el desarrollo del pensamiento y conducta humana

Sergio Colado García

Reg. Number SPA / 46-883

INDICE DE CONCEPTOS

A
adaptación · 15, 18, 19, 26, 33, 35, 36, 58, 59, 67, 103, 108, 109, 112, 115, 139, 140, 153, 170, 171, 179, 182, 184, 189, 190
almacenamiento · 44
aprendizaje · 43, 45, 46, 47, 48, 50, 54, 75, 77, 88, 89, 92, 93, 104, 105, 107, 113, 117, 124, 133, 182, 183, 184, 223
asignación de significado · 44, 45
asistente virtual · 88
Asistentes de voz · 88, 106, 181
atención · 47
Augmented Human · 125, 139
automatización · 30, 34, 38

B
bienestar · 18, 41, 61, 63, 68, 102, 130, 186
biología · 15, 16, 95, 109, 125, 136, 143, 147, 148
Blockchain · 38, 70, 71, 104, 173, 174, 180, 183, 199, 200, 201, 202, 206, 207, 208, 212, 213, 214
Brain Computer Interface · 94, 96
brain-brain interfaces · 96

C
cambio climático · 20, 66, 112, 118, 164, 165, 167

Ch
chatbot · 88

C
ciencias del comportamiento · 16
ciudades inteligentes · 65, 67, 166
Cloud Computing · 30, 37, 140, 173, 174, 175, 197, 200, 201, 202, 206, 207, 208, 212, 213, 214
cognición cuántica · 142
comportamiento · 15, 17, 20, 21, 24, 48, 51, 72, 78, 87, 92, 101, 111, 112, 117, 118, 133, 135, 142, 143, 144, 145, 146, 171, 182, 186
Computación · 107, 127, 133
computación cognitiva · 97, 99
Computación cuántica · 133, 148
conducta · 1, 46, 47, 49, 50, 51, 52, 53, 55, 57, 58, 108, 109, 110, 114, 219
conocimiento · 44, 45, 46
CRISPR · 121, 122, 139
cuarta revolución industrial · 15, 20, 21, 30, 31, 35, 40, 188
cultura · 34, 43, 59, 60, 99, 111, 112, 115, 117, 156

D
Darwin · 53, 108, 143, 160, 223

E
ecología · 15, 16, 141
E-Health · 134, 140
Ekman · 53
emoción · 43, 46, 53, 54, 55, 58, 73, 107, 117, 182, 183, 219
epigenética · 109, 110, 135
esquema · 43, 48, 51
esquemas · 46
estímulo · 44, 53
evolución · 15, 18, 24, 31, 50, 60, 96, 103, 108, 109, 110, 111, 112, 114, 115, 116, 120, 129, 137, 139, 141, 142, 143, 186, 187, 188, 219, 221, 224
experiencias · 34, 43, 68, 70, 72, 77, 104, 117, 127, 219
expresión emocional · 53

F
felicidad · 53, 61, 62, 63, 64, 85, 120, 154, 161

G
Gamificación · 75, 78, 105
Gaming · 75, 78, 82, 89, 105
gen · 110
genética · 18, 35, 50, 60, 110, 111, 112, 121, 122, 136, 139, 140, 142
genética conductual · 110
Geoffery West · 145

H
Humanismo · 157

I
impresión 3D · 130, 132, 133, 140, 181
industria 4.0 · 30, 31, 41
industrialización · 27, 31, 161
ingeniería · 16, 96, 100, 122, 126, 131, 136
instintos · 53
inteligencia · 124
inteligencia artificial · 15, 20, 38, 41, 72, 86, 88, 97, 99, 103, 107, 123, 124, 125, 127, 133, 136, 139, 168, 174, 190, 222
inteligencia colectiva · 37
Internet · 30, 71, 85, 87, 89, 92, 93, 94, 95, 97, 107, 134, 135, 138, 163, 164, 166, 173, 174, 177, 178, 180, 182, 183, 195, 196, 197, 198, 200, 201, 202, 203, 204,

205, 206, 207, 208, 209, 210, 211, 212, 213, 214, 215, 216, 217, 220
internet de las cosas · 30, 173, 174, 177, 178, 196, 198, 200, 201, 202, 203, 204, 205, 206, 207, 208, 209, 210, 211, 212, 213, 214, 215, 216, 217
Internet de las Cosas · 92
internet industrial de las cosas · 30

L
Lamarck · 108, 109

M
Martin Seligman · 63
Maslow · 57, 89
matemáticas · 15, 143, 148, 149, 157, 222
meme · 60, 87
memética · 60, 87, 183
memoria · 43, 44, 45, 46, 47, 48, 65, 73, 74, 77, 83, 93, 95, 98, 100, 105, 107, 117, 128, 142, 182, 183, 184
memoria a corto plazo · 44
memoria a largo plazo · 44, 46
metabiología · 141
metacognición · 44, 46
motivación · 43, 49, 50, 51, 52, 57, 70, 74, 117, 156, 182, 183
motivo · 57
mutación · 109, 113, 141, 144, 151

N
nanotecnología · 35, 41, 123, 127, 137, 139
neuronas espejo · 53, 54, 98
neurotecnología · 94
Neurotecnología · 107
neurotransmisor · 63

O
optogenética · 95

P
pensamiento · 1, 16, 21, 22, 34, 39, 40, 43, 46, 55, 56, 58, 72, 83, 96, 107, 111, 116, 119, 151, 154, 157, 158, 161, 166, 179, 182, 183, 184, 186, 187, 188, 224
Pensamiento · 56, 57, 104, 105, 106, 107, 183
percepción · 43, 45
perpetuación · 18, 119, 186
personalidad · 43
Plutchik · 53
procesamiento · 44
psicología cognitiva · 43
psicología evolutiva · 108, 112

R
Realidad Aumentada · 75, 105, 181, 218, 219, 220

realidad virtual · 71, 72, 73, 105, 175, 179, 220
reconocimiento de patrones · 44, 45
recuerdo · 44
recuperación · 44
redes sociales · 57, 67, 83, 84, 85, 87, 145, 152, 168, 195, 197
Redes sociales · 106
registros auditivos · 44
religión · 101, 103, 151, 154, 159, 161
revolución · 15, 16, 20, 21, 23, 24, 26, 28, 29, 30, 31, 32, 35, 39, 40, 55, 113, 118, 150, 151, 152, 157, 169, 186, 187, 188, 189
revolución agrícola · 152, 186
revolución científica · 24, 155, 157, 186
revolución cognitiva · 118, 150, 151, 169, 186
revolución digital · 187
revolución industrial · 20, 21, 23, 24, 26, 28, 29, 31, 32, 39, 40, 41, 159, 160, 161, 162, 187, 189, 220
Revolución industrial · 65
revolución neolítica · 24, 113, 118
Richard Dawkins · 60
robótica · 38, 100, 128
Robótica · 107, 168
Ruut Veenhoven · 62

S
sensación · 43
sensorial · 44
Singularidad · 129, 188
sistemas ciberfísicos · 30
Smart Building · 89, 90, 173, 174, 180, 182, 198, 200, 201, 202, 206, 207, 208, 212, 213, 214
Smart City · 67, 104, 148, 166, 219
Smart Home · 89, 90, 177, 178, 181, 184, 196, 203, 204, 205, 209, 210, 211, 215, 216, 217
socialización · 15, 72, 120, 154
sociobiología · 111, 112
sociología · 58, 111, 161
supervivencia · 18, 20, 49, 50, 57, 63, 80, 89, 102, 109, 115, 150, 151, 154, 186, 189

T
Tecnologías de · 104
tecnologías de información y comunicación · 19
teoría cognitiva · 53
teoría de Cannon-Bard · 53
teoría de James-Lange · 53
teoría de la acción razonada · 51
teoría de la activación · 53

teoría de la evolución · 108, 143
teoría de la mente · 55
terapia génica · 135
Transhumanismo · 129, 190

V

voice-user interface · 88

W

Wearables · 129, 130, 134, 135, 139, 173, 174, 175, 176, 177, 178, 180, 181, 182, 183, 184, 196, 198, 200, 201, 202, 203, 204, 205, 206, 207, 208, 209, 210, 211, 212, 213, 214, 215, 216, 217

ÍNDICE DE CAPÍTULOS

SINOPSIS 11

DESARROLLO 14

1. Visión inicial 14
2. Las revoluciones industriales 19
    2.1 La primera revolución industrial. Análisis social 20
    2.2 La denominada cuarta revolución industrial. Análisis social 26
    2.3 Comparación entre revoluciones 34
3. Concepción cognitivo-conductual 37
    3.1 La percepción 37
    3.2 La memoria 38
    3.3 Los esquemas 40
    3.4 La metacognición 40
    3.5 La atención 40
    3.6 El aprendizaje 41
    3.7 La motivación 42
    3.8 La conducta 45
    3.9 La emoción 46
    3.10 La teoría de la mente 48
    3.11 El pensamiento humano 49
    3.12 La memética 53
    3.13 La ciencia sobre la felicidad humana. 54
    3.14 La tecnología y la psique 57

3.15 Resumen de impacto de las tecnologías en la cognición 94

4. Concepción evolutiva 99

    4.1 La genética 101

    4.2 La epigenética 101

    4.3 La sociología 102

    4.4 La sociobiología 102

    4.5 La evolución de la especie según la antropología . 105

    4.6 El impacto de la revolución neolítica en estilo de comportamiento 109

    4.7 La tecnología en la evolución 111

    4.8 Resumen de impacto de las tecnologías en la evolución 129

5. Concepción biológica y matemática 131

    5.1 La metabiología 131

    5.2 La cognición cuántica 132

    5.3 Aplicación de las matemáticas a la biología 133

    5.4 La teoría de escala de Geoffrey West 135

    5.5 La tecnología en la biología y las matemáticas 137

6. Aporte de la tecnología en la historia de la especie humana 139

    6.1 La tecnología como medio se supervivencia 139

    6.2 La tecnología como herramienta de construcción social 141

    6.3 La tecnología como herramienta de poder y de ventaja 144

    6.4 La tecnología como herramienta de progreso 147

6.5 La tecnología como medio de defensa y de calidad social 151

6.6 La tecnología como medio de mejora del ser humano y de su entorno 154

7. Conocimiento y adaptación de la tecnología en la actualidad. Análisis de campo (muestreo 2017 - 2019) 159

    7.1 Recopilación de datos 160

    7.2 Análisis de datos 161

    7.3 Hipótesis del impacto 168

8. Conclusiones 175

ANEXO I. ENCUESTA DE ESTUDIO 180

ANEXO II. RESUMEN RESULTADOS ENCUESTA DE ESTUDIO 189

    II.1 Estudio en base a variables de sexo. 189

    II.2 Estudio en base a variables de ingresos 195

    II.3 Estudio en base a variables de edad 201

BIBLIOGRAFÍA 207

SINOPSIS

Estamos viviendo lo que los economistas denominan "la cuarta revolución industrial". El World Ecomomic Forum prevé que esta revolución provoque una pérdida masiva de puestos de trabajo y un cambio radical en la concepción de los empleos, la inclusión de los robots y la inteligencia artificial en la sociedad y una nueva visión sobre las ciudades y su impacto en el medio ambiente.

Durante la historia de la humanidad, hemos vivido otras revoluciones industriales que provocaron importantes cambios sociales e impactos importantes en la concepción de sociedad.

Estos cambios han impactado en la manera de vivir, así como en el comportamiento humano en base a la socialización y la adaptación al medio.

Gracias al estudio de la ecología podemos prever la manera en la que un ecosistema evoluciona para llegar a su punto de equilibrio y cómo las especies clave pueden impactar en la subsistencia, adaptación o evolución del ecosistema.

A través del estudio de las matemáticas y de la biología se puede predecir la evolución de una especie e incluso del desarrollo propio de las ciudades hasta el colapso.

Las teorías de la evolución nos abocan a pensar que el ser humano, como todas las especies vivas, han logrado adaptarse al medio y evolucionar para conseguir subsistir.

El nuevo paradigma de sociedad al que apunta la cuarta revolución sugiere introducir una nueva variable de desarrollo a través de la inteligencia artificial. Esta nueva "especie" puede llegar a desplazar a la especie humana como especie clave en el ecosistema humano, pasando a ser prescindible.

Por otro lado, la tecnología pasa de ser una herramienta a ser un medio de subsistencia.

El objetivo del presente estudio es entender cómo la tecnología ha influido en los modelos de pensamiento de la especie humana a través de la historia y tratar de predecir cómo puede llegar a impactar la tecnología en las personas y, por tanto, influir en su manera de afrontar la vida.

Durante el desarrollo de esta tesis se intentará definir los conceptos básicos sobre los que se abrirá el estudio de influencia de la tecnología en la mente, así como de intentar explicar cómo las revoluciones anteriores influyeron en la manera de vivir, pensar y actuar de las personas y cómo los preceptos evolutivos se han visto alterados a medida que la sociedad ha cambiado para luego compararlas con la actual revolución y contexto tecnológico social presente y con perspectiva de futuro.

Teniendo en cuenta otros conceptos como la biología, la ecología, la ingeniería y las ciencias del comportamiento, intentaré perfilar un posible modelo de la nueva sociedad que vendrá con la integración de tecnologías de la cuarta revolución.

Teniendo en cuenta la globalización actual pero también la gran dispersión de culturas, clases y niveles de implantación tecnológica, así como los extremismos y los conflictos sociales que ponen freno a cualquier tipo de progresión deshumanizada, se pretende prever cómo puede llegar a ser este desarrollo social, a qué nivel será permeable la tecnología y qué impacto y riesgos pueden llegar a darse.

No en vano, el propio World Ecomcmic Forum describe cuáles son las tecnologías que van a afectar en la sociedad y su gobernanza, enumerando aquellas que tienen un mayor impacto bajo la perspectiva social, pero sin aterrizarlo en cómo van a hacerlo, cuyo objeto es el de la presente tesis.

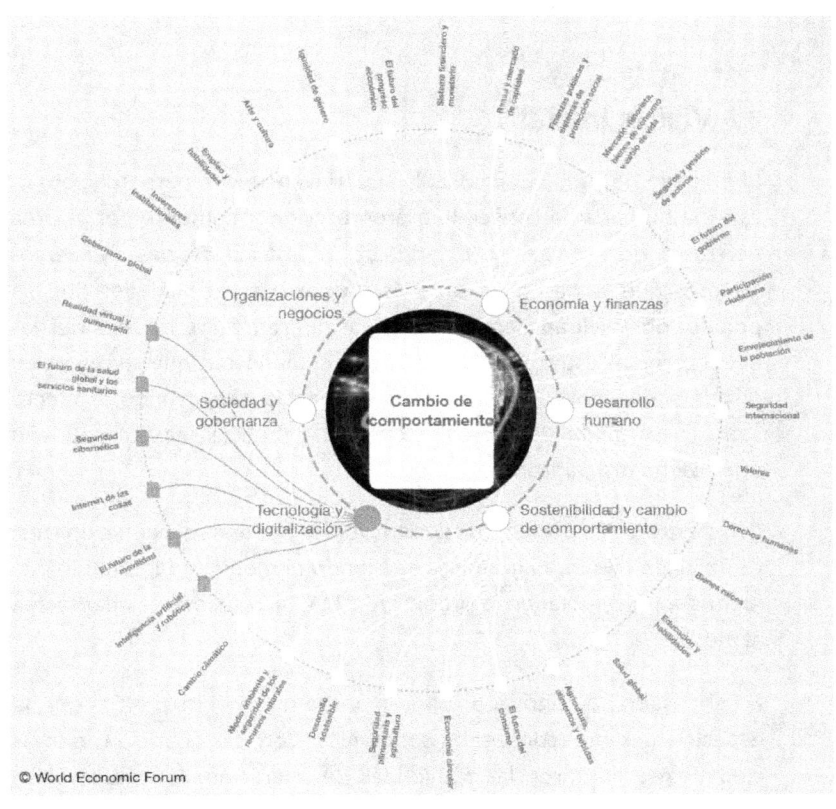

Fig. 1. Visión del WEF acerca del impacto de la tecnología en el comportamiento humano (2019; https://intelligence.weforum.org/)

DESARROLLO
1. Visión inicial

El objetivo de todo ser vivo es la supervivencia y la perpetuación. La especie humana ha conseguido progresar enormemente por encima del resto de especies a lo largo de la historia gracias a diversos factores que la hacen única. Y es gracias a sus cualidades que ha podido sobrevivir aplicando estrategias diferentes frente a los riesgos del entorno. A estos objetivos, se unen el bienestar, que se centra en disponer de oportunidades de supervivencia aun cuando el efecto sobre las probabilidades reales de vida y muerte sea tan pequeño que resulte insignificante.

Estas estrategias posibles de supervivencia pueden recogerse en tres: cambiar de medio, migrando; cambiando el medio, adaptándolo a la identidad; o cambiando la propia identidad, a través de la adaptación al medio.

En el pasado, la migración era la manera más habitual en la que la especie humana conseguía sobrevivir. Con la aparición de las ciudades se limitaron las facilidades de migración, forzando solo a aquellos que se encuentran en un entorno hostil a este movimiento, pero reteniendo a aquellos que no están bajo presión en un lugar concreto donde anclarse.

La adaptación basada en el cambio de identidad, de manera natural propiamente conocido por la evolución genética, es, por lo general, lento y, aparentemente, sujeto a los caprichos de la naturaleza. Al menos si no se interviene sobre está evolución de manera artificial.

La tecnología ha sido la herramienta comúnmente utilizada, no exclusiva, pero si mayoritaria, de nuestra especie durante su historia para adaptarse al medio y lograr su objetivo de supervivencia. Hemos aprendido a desarrollar esta adaptación del medio a nuestras necesidades y hemos llegado a alcanzar un alto grado de relación entre nuestra manera de hacer y pensar y la identidad propia de la tecnología utilizada. Estamos llegando a hacer de la tecnología parte de nuestra esencia.

Pero la tecnología permite ahora incidir también en la adaptación al medio a través del cambio de la propia identidad, ya sea evolucionando genéticamente o mutando la entidad a través de componentes artificiales.

Entiéndase la tecnología como al conjunto de los conocimientos propios de una técnica, así como al conjunto de instrumentos, recursos técnicos o procedimientos empleados en un determinado campo o sector. La tecnología es la ciencia aplicada a la resolución de problemas concretos y constituye el conjunto de conocimientos científicamente ordenados, que permiten diseñar y crear bienes o servicios que facilitan la adaptación al medio ambiente y la satisfacción de las necesidades esenciales y los deseos de la humanidad (Wikipedia).

Las nuevas tecnologías, ampliamente presentes en la actualidad, de tal manera que forman parte de la vida diaria de más de la mitad de la población en el mundo, son aquellas tecnologías conocidas como las tecnologías de información y comunicación (TIC), que también abarcan la biotecnología, y los nuevos materiales (grafeno, fibra de carbono, nanotubos, polímeros, etc.). Estas nuevas herramientas permiten al ser humano disponer de capacidades aumentadas que amplifican su nivel de control y de liderazgo por encima de cualquier otra especie. Están contribuyendo a alcanzar un estatus de ente creador y destructor al mismo tiempo capaz de modificar el entorno y adaptarlo a sus necesidades en lugar de adaptarse el ser humano a éste. La delgada línea que separa la adaptación al medio de la transformación del medio puede tener consecuencias devastadoras para la supervivencia, no sólo del ser humano, sino del resto de especies.

La tecnología ha invadido hogares y trabajos y forma parte de la mayoría de las actividades diarias de la humanidad.

Plantear una sociedad privada de la tecnología resulta impensable hoy, pero, a pesar de la gran influencia que esta ejerce sobre el comportamiento humano, poco se ha estudiado realmente acerca de cómo influye realmente.

Sin embargo, la relación entre sociedad y tecnología no está exenta de todo tipo de especulaciones y valoraciones.

En el momento actual en el que se empieza a especular sobre la llegada de la inteligencia artificial y de su impacto en el trabajo, de nuevo la tecnología está en el punto de mira de la crítica social sobre el daño que provoca.

Esto contrasta, sin embargo, con la iniciativas y esperanzas depositadas en las tecnologías como herramienta de solución a los principales retos globales que forman parte de las agendas de gobiernos de todo el mundo, orientados a la batalla contra el cambio climático, la mejora de la calidad de vida, la generación de nuevos recursos energéticos y alimenticios, el aumento de la esperanza de vida, la prevención de pandemias, la lucha contra la corrupción, etc.

Esta visión no es nueva, sino que ya se dispone de antecedentes en la historia de la humanidad en las que la tecnología y la sociedad han jugado papeles clave en los cambios globales que rigen el devenir de la humanidad.

De hecho, la actual situación recibe el nombre de la "cuarta revolución industrial" como continuación de la primera y más potente revolución conocida en la historia, la "revolución industrial".

En esta nueva era, la tecnología es herramienta y a la vez entidad que forma parte de la identidad.

En la presente tesis se abordan estas visiones, desde el impacto que provocan las tecnologías actuales más comunes hasta aquellas que están en proceso de ebullición, algunas de ellas en una fase de inmadurez que sólo permiten la especulación pero que abren al debate y a la elucubración de diversas hipótesis acerca del futuro de la sociedad tal y como la conocemos.

La historia de la humanidad cuenta con miles de tecnologías diferentes que, de una u otra manera, han moldeado el devenir de nuestro planeta y de nuestra especie. Sen la presente tesis, a pesar de enumerar algunas de estas tecnologías que han impactado en la sociedad, me centraré sólo en las nuevas tecnologías, que conforman el marco de la denominada cuarta revolución industrial, a fin de establecer paralelismos con otros momentos históricos en los que la tecnología ha impactado fuertemente en las corrientes de pensamiento, con el objetivo de dilucidar acerca de esta posibilidad en la era actual y, en el caso al que se refiere, plantear cuál puede ser este nuevo impacto en la mente.

Primero de todo, conviene corroborar si, efectivamente, nos hallamos en un escenario tan importante como para definirlo como revolución de la sociedad, para ello comparándolo con un momento de referencia similar, como es la revolución industrial dada la similitud de contenidos.

A continuación, constatado este hecho, proceso a evaluar, desde una visión macro, el impacto que estas tecnologías suponen en la sociedad, desde distintas visiones que tratan de estudiar la mente humana y determinar el comportamiento humano.

Finalmente, y en base a un estudio de campo elaborado durante los tres últimos años, evaluaré la aceptación de las tecnologías más maduras que forman parte de este escenario en un muestreo realizado a nivel nacional y que trata de aportar una visión de cómo de susceptible es el momento actual para permitir que estas tecnologías se incorporen en el núcleo social y, desde ahí, provoquen cambios sustanciales en las corrientes de pensamiento actuales.

2. Las revoluciones industriales

Para iniciar el estudio sobre el impacto que está ejerciendo la tecnología en la actualidad y tratar de teorizar cuál puede ser el futuro de la humanidad en base a este nuevo impacto, conviene, pues, entender cómo, ya anteriormente, tecnología y sociedad coexistieron y cooperaron en un nuevo recorrido.

Una vez conocido este impacto, si se demuestra una correlación entre la situación actual y el inicio de la revolución industrial, tal vez sea posible plantear un posible proceso parejo.

La palabra revolución, atendiendo a su definición puede entenderse como: (1) cambio profundo, generalmente violento, en las estructuras políticas y socioeconómicas de una comunidad nacional, (2) levantamiento o sublevación popular, o (3) cambio rápido y profundo en cualquier cosa (Real Academia de la Lengua Española).

Su origen etimológico se encuentra en la palabra del latín *revolutum* que puede traducirse como "dar vueltas".

La revolución es un cambio o transformación radical respecto al pasado inmediato, que se puede producir simultáneamente en distintos ámbitos (social, económico, cultural, etc). Se trata de una ruptura del orden establecido.

Las revoluciones hasta ahora conocidas se produjeron como consecuencia de procesos históricos y de construcciones colectivas. La revolución más importante asociada a cambios tecnológicos y con un importante impacto en la sociedad es la conocida como Revolución Industrial.

La Revolución Industrial es el nombre que recibe un conjunto de cambios tecnológicos iniciados a mediados del siglo XVIII en el Reino Unido, y su impacto en la sociedad.

2.1 La primera revolución industrial. Análisis social

La revolución industrial, iniciada en la segunda mitad del siglo XVIII en el Reino de Gran Bretaña, constituyó un importante proceso de transformación económica, social y tecnológica.

En realidad, podría considerarse como la segunda gran revolución industrial en la historia de la humanidad, puesto que la primera dataría del neolítico, momento en el cual se llevó a cabo una importante revolución económica fruto del descubrimiento y progreso de la agricultura y la ganadería. La especie humana pasó de ser una sociedad depredadora, basada en la caza y la recolección, a una especie productora.

Además, cabría mencionar la revolución científica, en la que el ser humano paso a concebir el mundo desde una nueva perspectiva del conocimiento, o más bien de la ausencia de este, y que fue el catalizador para la evolución técnica, tecnológica e industrial posteriores.

La revolución industrial, como evolución, pasó de un modelo económico basado en el predominio de la agricultura a un modelo basado en el predominio de la industria y los servicios, provocando, por primera vez en la historia, en un crecimiento económico con una cualidad concreta, el crecimiento sostenido (más adelante trataré de explicar el impacto en el comportamiento social en esa época). Es, de hecho, durante la revolución neolítica cuando se inventa la rueda, favoreciendo el transporte, y cuando nace el comercio.

Antes de la revolución industrial, la sociedad se caracterizaba por la escasa población en los países y ciudades y una baja capacidad de producción de éstas. Las ciudades eran, especialmente, habitadas por artesanos, comerciantes, nobles y miembros del clero.

Más del 75 % de la población se dedicaba a la agricultura y se requería mucha mano de obra para producir los alimentos necesarios, lo que significaba una baja productividad.

El comercio se hacía a escala comarcal y regional y era de bajo volumen. El crecimiento económico no era sostenico. El modelo organizativo se basaba en el bloqueo por parte de a nobleza, la Iglesia y los señores feudales al acceso a tierras por parte de los campesinos, que sólo podían trabajar las tierras, sin obtener su titularidad y, por tanto, sin invertir en su mejora.

Además, los gremios (asociaciones) poseían privilegios suficientes para impedir que más talleres o fábricas se instalaran en sus ciudades y les hicieran la competencia.

Incluso, algunos países disponían de aduanas dentro de sus fronteras, evitando así, el libre comercio. Imperaba el mercantilismo.

La esperanza de vida era de en torno a 30 años y con una elevada mortalidad, en especial infantil, fruto de la malnutrición y la falta de salubridad. Los azotes debidos a las hambrunas o a las epidemias provocaban un mayor aumento de la mortalidad incluso.

Por el contrario, la elevada tasa de natalidad, en especial cuando las tierras estaban en su momento creciente de rendimiento, compensaba esta elevada mortalidad, provocando el crecimiento vegetativo de la población (más natalidad que mortalidad).

Ante tal situación, la sociedad del momento inició un camino de cambio irreversible que derivó en la revolución industrial. Pero, si no hubiera tenido causas institucionales, no habría sido posible el progreso. El estado desempeñó un papel importante en la promoción de acciones que derivaron, en su conjunto, en una situación de cambio integral a todos los niveles.

Las causas que propiciaron esta profunda adaptación a la nueva era se centraron en tres aspectos clave. Las trabas del Antiguo Régimen desparecieron tras el triunfo aplastante de las revoluciones liberales en lo que supuso que la burguesía y las clases medias instauraran un nuevo marco, el capitalismo.

Las nuevas formas de organización del trabajo, la mayor especialización económica territorial y la metódica y férrea disciplina laboral, provocaron un profundo desarrollo económico, no carente de injusticias. El cambio estructural se basó en un trasvase trabajadores desde el sector primario (agricultura) al secundario (industria) y, desde ambos, al terciario (servicios).

Finalmente, y en una primera fase basada en la prueba y error más que en la ciencia, se llevó a cabo un cambio tecnológico de la sociedad. La reforma agraria, que permitió que la tierra entrara en el mercado, influyó en las inversiones en esta para mejorar su rendimiento, lo que implicó un considerable aumento de las innovaciones en agricultura.

Es importante notar que sin los cambios institucionales no habrían sido posible los cambios tecnológicos ni los económicos.

Sin embargo, cabe destacar que no constituyó un proceso rápido sino lento. La economía fue dual, conviviendo sectores que adoptaron la máquina de vapor y el sistema febril, con otros que siguieron produciendo de manera artesanal.

Las innovaciones técnicas en el ámbito de la agricultura propiciaron un aumento de la productividad y elevaron los niveles de consumo interior al mejorar la renta familiar de muchos propietarios.

El mercado pasó de ser local a nacional, aumentando el campo de acción de los comerciantes.

La industrialización implicó el paso a granjero profesional y jornaleros, despareciendo el campesino autosuficiente, implicando un cambio de figuras de empleo.

Oro aspecto esencial se dio en las comunicaciones (transporte), favoreciendo el comercio, gracias al transporte de mercancías a largas distancias, el crecimiento de las ciudades, gracias al rápido abastecimiento, e incluso la distribución y captación de ideas y talento al permitir a personajes intelectuales y visionarios moverse rápidamente hacia otros lugares, concentrándose en puntos de interés que supieran atraerlos.

Las ciudades mejoraron y crecieron enormemente debido a la necesidad de concentrar medios financieros, comerciales y humanos.

Por otro lado, la llegada masiva de la mano de obra a la industria vino acompañada de una fuerte tecrificación y una potente inversión en maquinaria, hasta el momento impensable, aspecto que también se vio intensificado por la supresión de gremios y de las tasas aduaneras interiores y, por tanto, de barreras comerciales, lo que implicaba, forzosamente, la necesidad de mejorar la producción y reducir costes.

La introducción de la maquinaria permitió condiciones materiales de vida utópicas hasta aquel momento, pero, como contrapunto, condujo a prescindir de ciertas habilidades en diversas tareas, deshumanizando algunos aspectos de la sociedad. El obrero perdió el sentimiento de pertenencia, pasando a ser una pieza del engranaje que formaba el mecanismo de la producción.

Pero aumentó la brecha social y la diferenciación de clases, provocando conflictos sociales. En las clases populares, la inseguridad laboral, la imposibilidad de fundar un hogar, la pobreza y la suciedad de los hogares fomentaba la mendicidad, la prostitución, el alcoholismo y la delincuencia. La burguesía se protegía y apartaban de esta miseria, con desidia y culpando a estas clases de pecadores en lugar de emprendiendo un cambio social.

Otro aspecto de relevancia y que conviene no pasar desapercibido es que el nivel de vida de la clase obrera disminuyó durante la revolución industrial. Los salarios se estancaron entre 1783 y 1820 y sólo crecieron un 30 % entre 1820 y 1850. La esperanza de vida en barrios obreros descendió. El número de horas laborables al año aumentó. Entre 1760 y 1834 aumentó el trabajo infantil y empeoró la calidad del mismo. Es especialmente interesante el dato obtenido de la estatura media en los barrios obreros en esa época que muestra un descenso. Esto se asocia a la falta de alimentación, la morbilidad y el desgaste físico.

A pesar de los bajos salarios, el aumento de la población provocó un aumento del número de trabajadores y un aumento de la demanda Este aumento de la oferta de trabajo, necesario para el aumento de la producción, implicaba un descenso en el salario debida la gran cantidad de mano de obra disponible en el mercado.

El hito más importante de esta primera revolución industrial fue el crecimiento económico por primera vez en la historia sostenido. Sin embargo, aparece un nuevo formato de crisis cíclica financiera que pasa a ser frecuente y que se atribuye a la dinámica del capitalismo.

Debido a las necesidades de la primera revolución industrial, tanto en la gran cantidad de mano de obra como en la normalización y regulación de esta, dio rápidamente lugar a la considerada segunda revolución industrial.

En esta etapa, y una vez modificadas las estructuras sociales y el ciclo de trabajo, aparecen nuevas organizaciones empresariales derivadas del nuevo formato de comercio. También surgen nuevas fuentes de energía, fruto de la innovación y forzadas por la necesidad de abastecimiento energético para los sistemas productivos. Igualmente, para propiciar un avance en ambos aspectos, aparecen nuevas fórmulas de financiación.

El crecimiento de la población continuó, acompañado ahora de los fuertes movimientos migratorios, principalmente de Europa, Estados Unidos y Canadá, debidos al excesivo aumento de la natalidad en algunos países, la falta de oportunidades de trabajo en la propia patria, el deseo de mejorar la posición social y la posibilidad de hacer fortuna en el nuevo destino.

La industria incentivó a los científicos para innovar, financiando sus proyectos.

El capitalismo derivó de un sistema de pequeñas empresas independientes a grandes conjuntos industriales o financieros. Este sistema, el capitalista, se consolidó gracias a la extensión del papel moneda (billetes) y, más tarde, la moneda acuñada.

La necesidad de potenciar la libertad económica y comercial impulsó a los países a realizar cambios en sus políticas económicas, más abiertas, pero con cierta aplicación de políticas proteccionistas según convenía.

2.2 La denominada cuarta revolución industrial. Análisis social

Actualmente, el concepto de cuarta revolución industrial se ve emparejado e incluso igualado al concepto industria 4.0, denominado por primera vez por el Gobierno Federal Alemán y que se define como "la tendencia a la automatización y el intercambio de datos dentro de la tecnología de la manufactura, incluyendo sistemas ciberfísicos, internet de las cosas (IoT) y la computación en la nube (cloud computing)".

Este internet industrial de las cosas (IIoT) propone la comunicación entre máquinas y de estas con los seres humanos y que plantea un cambio de paradigma en los procesos industriales.

Por su parte, Frank Schwab, fundador del World Economic Forum, definió más ampliamente lo que implica la cuarta revolución industrial en el foro de 2016.

Según Schwab, la cuarta revolución industrial plantea un escenario en el que la tecnología y los mundos ciberfísicos, correlacionados con la industria y con otras tecnologías, impactarían, igualmente en otros sectores y provocarían un importante cambio social, todo ello bajo la influencia de la gran evolución de la tecnología y la velocidad de innovación de la misma en la actualidad.

Partiendo de la definición de revolución planteada al inicio del presente documento, así como la comparación obligada con las anteriores revoluciones industriales, resulta obvio pensar que hablar sólo de cambios en la manufactura queda corto, es decir, igualar el concepto de cuarta revolución industrial a una manufactura inteligente como propone la industria 4.0 equivaldría a haber planteado que la primera revolución industrial sólo se debió a la gran implantación y crecimiento del sistema fabril, obviando otros aspectos clave relativos a aspecto económicos, sociales e incluso tecnológicos no ligados directamente a la industria o interpretar que éstos se debieron, exclusivamente, a las necesidades derivadas del nuevo mundo industrial.

Si bien es claro el fuerte impacto que la industrialización supone para el resto de los sectores, debido a su carácter transversal, no resulta obvio pensar que es el factor detonante y no el vehículo para la masificación de la revolución en sí misma.

Antes de la primera revolución industrial, era impensable plantear un crecimiento económico sostenido debido a múltiples factores no ligados a la producción.

A partir del momento en el que las fuerzas sociales inician un cambio con un objetivo de subsistencia, es cuando la industria pasa a ser una herramienta esencial que actúa como palanca de cambio, pero no es la industria la que inicia la revolución ni es, mi mucho menos, el detonante.

A modo de analogía entre el momento actual y la pre-revolución industrial, conviene destacar que, con independencia de los procesos industriales, la sociedad muestra claros síntomas de agotamiento político y una clara inquietud respecto a los hechos relacionados con el gobierno que acontecen.

Esto no sólo sucede de manera local, sino que, a nivel mundial, es observable un claro malestar generalizado que parece abocado a un proceso de crítica global.

A estos aspectos, cabe plantear otros grandes retos que, con independencia de transformar el modelo de industria, aunque pueda resultar evidente de su necesidad, proponen una profunda reflexión y una necesidad de cambio.

Principalmente en los países industrializados, la tasa de natalidad ha descendido en los últimos años y sigue una progresión de caída que se une al descenso de la tasa de mortalidad, lo que aumenta la población envejecida, lo que muestra una clara tendencia a desbordar los recursos de sanidad orientados al cuidado de esta porción de la población. La tasa de población vegetativa se ve compensada por el aumento de la demografía, de nuevo, de países donde las oportunidades de mejora de calidad de vida son muy inferiores a estos países industrializados.

Este aumento de la población implica diversos riesgos añadidos, entre ellos la masificación de las ciudades, el aumento de consumición de recursos y el aumento notable de los residuos.

Las expectativas de crecimiento de las ciudades, pudiendo llegar a doblar la población actual en muchas de ellas, implica un replanteamiento urgente no sólo de la estructura y organización de estas sino incluso su interrelación con el entorno.

Las hipótesis de consumo de recursos apuntan a la imposibilidad de abastecer a toda la población en los próximos años por inexistencia de estos. No sólo en materia energética, sino también en lo relativo a alimentos, la sociedad actual se enfrenta a importantes restricciones que pueden provocar importantes conflictos sociales en pro de asegurar las necesidades básicas humanas.

Por último, la enorme generación de residuos puede implicar un empeoramiento notable de grandes áreas donde actualmente aún es posible extraer recursos, así como la extinción de especies, poniendo el riesgo el equilibrio del ecosistema.

Por otro lado, los cambios en la climatología del planeta también presentan una nueva perspectiva de riesgo para la vida. La previsión de riesgo hídrico plantea que parte de la población no va a poder disponer de agua para el consumo mientras que otra gran parte de la sociedad se enfrenta a constantes inundaciones.

Así mismo, la climatología está alterando el equilibrio de la naturaleza, implicando que grandes áreas destinadas para la agricultura pasen a no ser fértiles y provocando la extinción de múltiples especies.

Por último, las nuevas tecnologías evolucionan a una velocidad tan elevada y con tan enorme cantidad de ellas que muchas de éstas no consiguen madurar a tiempo y provocan grandes brechas, tanto sociales como industriales. La adaptación de tecnologías que luego mueren o cambian sin conseguir llegar a amortizar la inversión y el esfuerzo provoca tensiones económicas y elevados niveles de frustración.

Por otro lado, la vertiginosa velocidad de adaptación a la tecnología necesaria para poder mantener el nivel de hiperconexión con el resto obliga a un esfuerzo elevado y a una carga cognitiva importante, provocando una gran dependencia a estas y generando una importante clasificación en base al nivel de digitalización de las personas.

Otro aspecto importante se encuentra en la globalización. Gracias a la posibilidad de estar conectados de manera continua y rápida permite el libre comercio y la rápida y libre difusión de contenidos y conocimientos a nivel global. Esto presenta, como principal ventaja, la posibilidad de disponer de manera inmediata y global de información, conocimiento o productos. Como mayor desventaja, el exceso de información que obliga a plantear mecanismos de selección, muchas veces sesgados, y la posible imposición de algunos conocimientos sobre otros, por ejemplo, culturales, lo que provocaría la desaparición de ciertas experiencias y, con ellas, de esquemas de pensamiento basados en la cultura, en pro de otros.

Estas tecnologías implican una nueva concepción de la participación en todos los niveles de relación, tanto personal como profesional, y han llegado a transformarse en una herramienta imprescindible para muchas acciones.

La automatización de procesos está liberando al ser humano de realizar muchas actividades, pero también deshumanizándolas, al dejar de ser controladas por la especie humana.

Al mismo tiempo, estas nuevas tecnologías son, en muchos casos, vulnerables e inseguras, lo que implica la necesidad de conformar todo un tejido de protección y proteccionismo en torno a ellas, así como de soporte a todos los niveles.

Esta enorme proliferación de la tecnología, como se debatirá ampliamente al final del presente documento, provoca la alteración necesaria de perfiles profesionales y la adaptación de otras destrezas.

Cabe destacar, en cualquier caso, que la generalización sobre la adaptación de las revoluciones industriales a nivel mundial es un error, puesto que no todos los países han alcanzado los mismos grados de maduración de las revoluciones industriales anteriores e, incluso, aún existen países que ni siquiera han iniciado el proceso de consolidación de la primera revolución.

Por tanto, a la hora de enfocar los riesgos mundiales y la adopción de la nueva era como un concepto global debe ser atendido con extremo cuidado y entender que dicha valoración se lleva a cabo bajo una perspectiva acerca de las sociedades más industrializadas, a pesar de que algunos factores de afectación vienen influidos por otras menos industrializadas.

En cuanto al planteamiento y adaptación social en base a la tecnología para hacer frente a todos estos riesgos globales, actualmente existe una gran cantidad de desarrollos en los que no se profundizará en este informe dado que no es el motivo, pero si se enumeran algunos que se consideran importantes para poder comparar si, efectivamente, estamos antes una cuarta revolución industrial.

- Sanidad: uno de los motivos principales de que se haya elevado la esperanza de vida está en los importantes avances en sanidad. La genética, las neurociencias, la medicina inteligente, la nanotecnología, entre otros, están trabajando en crear sistemas y soluciones para combatir el envejecimiento celular, las enfermedades provocadas por bacterias y virus, el deterioro cognitivo e incluso la corrección de la estructura celular del cuerpo humano.

- Transporte: los sistemas de transporte han evolucionado mucho desde la aparición de la máquina de vapor. Se ha aumentado considerablemente la velocidad de desplazamiento para conectar dos puntos distantes. Las nuevas tecnologías de transporte trabajan para aumentar aún más esta velocidad, como el caso del hyperloop, de manera que se puedan cubrir grandes distancias en muy poco tiempo. Así mismo, el transporte de mercancías de bajo coste mediante drones ya está en fase de implantación. El vehículo autónomo plantea liberar a hombre de la tarea de conducción al tiempo que aumenta su seguridad y optimiza el recorrido.

- Recursos: uno de los grandes riesgos se centra en la capacidad de abastecer de recursos a la población. En este sentido, las dinámicas propuestas por los gobiernos de todo el mundo incluyen la adaptación de medidas para reducir el consumo de recursos y mejorar el rendimiento de generación de estos, en especial en lo que se refiere a recursos alimenticios. Los avances actuales en nuevos materiales y en nuevos procesos está permitiendo llegar a doblar, en algunos casos, la capacidad de producción actual.

- La inteligencia colectiva: la aparición de herramientas sociales para compartir, discutir y colaborar está ayudando a plantear un marco de desarrollo en torno a amplios grupos sociales dispersos a nivel mundial. El conocimiento no está ya localmente sino disperso y accesible. Por otro lado, la inclusión de herramientas de análisis sugiere que incluso puede llegar a personalizarse la interacción con el usuario de la red. Exige una conectividad total, con los riesgos que ello conlleva, pero permite la generación de conocimiento harmonizado y comúnmente aceptado, con lo que es posible atender a una necesidad global con una orientación a la necesidad real y con un alto grado de pre-aceptación, lo que deja únicamente en el foco de estrés al problema original general y no a la incertidumbre por la atención e interpretación sobre la misma. Sin embargo, la cruz de esta inteligencia colectiva pasa por ser la igualación y armonización de conocimientos minimizando la posibilidad de debate. El e-learning está ayudando a esa normalización del conocimiento, entre otros sistemas.

- Modelos de negocio y de financiación: los modelos de negocio basado en el cloud computing se centran en un modelo basado en servicios en lugar de en la venta de productos. La información está pasando a ser un valor en lugar de un componente. Este nuevo formato de modelo de negocio está impactando en el resto. Los modelos de financiación basados en el crowdfunding y en otros modelos de muchas pequeñas aportaciones de capital (inversión) están permitiendo el desarrollo de muchas soluciones en torno a un ecosistema de pequeñas empresas y start ups.

- Banca digital: la moneda digital y el blockchain, este último no sólo utilizado por la banca, implican un nuevo concepto y enfoque de la banca tradicional. La moneda pasa de ser física a transformarse en un concepto virtual. El gran avance del e-commerce y de otros sistemas de pago no basados en el papel y la moneda, están ayudando a la concepción de un nuevo sistema de pagos lejos de lo físico.

- El modelo de trabajo: la automatización de procesos implica una reorientación de muchos de los puestos de trabajo. La incursión de la inteligencia artificial y de la robótica está generando un intenso debate en torno a la calidad del trabajo, la pérdida de puestos de trabajo y la posible incapacidad del sistema futuro para hacer frente a pensiones y otras ayudas sociales actuales (lo que implicaría la necesidad de una fuerte reconversión de muchos de los modelos actuales, así como del contrato social).

- Impacto institucional: el desarrollo actual de los modelos de colaboración entre empresas apoyados por las instituciones en clave de clúster industrial aporta una importante fuente de mejora de la competitividad y de la atracción y retención del talento, así como de la mejora del conocimiento sectorial.

2.3 Comparación entre revoluciones

Una vez estudiados los dos escenarios, es posible realizar una comparación entre uno y otro a fin de determinar, partiendo de la aceptación del primero como revolución industrial, si el segundo muestra indicadores similares que sugieran la existencia de una nueva revolución y, por ende, de un susceptible marco de cambio social.

Antes de llevar a cabo el comparativo, definir dos conceptos relativos al mismo para tener en cuenta.

En primer lugar, se listarán una serie de aspectos que se consideran como clave y como palanca de cambio en la etapa de establecimiento de la revolución industrial. Esto no quiere decir que no pudieran haber otros igualmente importantes pero, debido que el objetivo del presente estudio se centra en determinar un primer marco de partida en el que se constate que, efectivamente, pudieran darse las condiciones como para implicar un cambio en la estructura de pensamiento, considerando que una revolución de este tipo es un hecho que así lo provocaría, no se entra en debatir cuáles y cuántos aspectos apoyan la hipotética cuarta revolución más allá de aquellos que pudieran implicar este cambio de pensamiento.

En segundo lugar, se compara la etapa actual con el conjunto de la primera y de la segunda revolución industrial al considerarse que ambas revoluciones discurrieron de manera consecutivas y una como consecuencia de la primera, además de que, debido a la actual velocidad de desarrollo de ciertas tecnologías en la etapa actual, conviene disponer de un marco amplio de referencia donde se puedan observar una muestra lo suficientemente consistente como para esta comparación.

Tal como se observa en la tabla 1, existe una gran similitud entre los aspectos que provocaron la revolución industrial y el cambio social con la etapa actual. Por ello, resulta obvio pensar que, efectivamente, estamos en lo que podría denominarse la cuarta revolución industrial.

Si durante la primera revolución pudimos asistir a una nueva corriente de pensamiento que llevó a modificar las estructuras sociales, económicas y políticas y que, bajo una perspectiva epistemológica, derivó en la aparición de nuevos esquemas de pensamiento, cabe pensar que esta nueva etapa desembocará en un estado similar, el cual será abordado en los próximos capítulos.

Aspecto clave	Revolución Industrial	Etapa actual
Modelo productivo-económico	Se pasa de la agricultura al sistema fabril	Se pasa de la fábrica convencional con excedentes a la industria 4.0 a medida de las necesidades de consumo
Mercado laboral	La migración del campo a la fábrica implica una fuerte reconversión de los puestos de trabajo. Pérdidas en la renta en clase obrera. Automatización de ciertos procesos que implica la deshumanización y pérdida de talento artesanal. Cambio de la organización del trabajo, profesionalización y regulación estricta	La economía del bienestar colapsa e implica pérdidas en la capacidad adquisitiva de la clase obrera Automatización de ciertos puestos de trabajo y entrada de la Inteligencia Artificial como elemento de gestión y conocimiento que condiciona el proceso Cambio en los modelos de organización y en las estructuras tradicionales en simbiosis con las nuevas tecnologías
Demografía	Aumento de la población. La población pasa del campo a la ciudad.	Aumento de la población. Aumento en la población que vive en ciudades
Esperanza de vida	Aumenta la esperanza de vida. En la etapa inicial la calidad de vida de la población obrera empora.	Aumenta la esperanza de vida. Descenso de la natalidad, pero aumento de la población envejecida que pone en riesgo el sostenimiento de pensiones
Aspectos políticos	Cambio a modelo liberalista y aparición del capitalismo. Especialmente importante la aportación institucional en el desarrollo	Aparición de partidos políticos neo-liberales y con fuerte conexión con la ciudadanía (participación ciudadana). Modelos de gobierno más abiertos y conectados (gobierno inteligente) Apoyo institucional a la mejora competitiva (fuerte apoyo a los modelos clúster)

Aspecto clave	Revolución Industrial	Etapa actual
Movilidad	Mejora del transporte, reduciendo distancias y aumentando la capacidad	Mejora del transporte, reduciendo distancias. Aparición de nuevos modelos de distribución de mercancías más ágiles.
Energía	Nuevas fuentes de energía basadas en la electricidad y en combustibles fósiles	Nuevas fuentes de energía basadas en las energías renovables y la nanotecnología.
Innovación	Nuevos sistemas y tecnología para mejorar los procesos industriales	Nuevos sistemas y tecnología para mejorar los procesos industriales, la salud, las comunicaciones.
Recursos	Mejora de los sistemas agrícolas aumentando la capacidad del campo	Mejora de los sistemas agrícolas aumentando la capacidad del campo. Mejora de los sistemas hídricos. Modelos de reciclado para reutilizar materias primas (economía circular)
Comercio	Paso de local a nacional. Desaparecen aduanas interiores y cánones	Globalización.
Distribución social - ciudades	Crecimiento y mejora de las ciudades	Crecimiento y mejora de las ciudades
Inversión	Incremento en la inversión, principalmente basada en pequeños comerciantes y en grandes comparaciones	Incremento en la inversión, principalmente basada en múltiples inversores e inversión en proyectos.
Brecha social (consecuencias)	Aumento de la brecha social que provoca conflictos sociales. Establecimiento de la burguesía.	Aumento de la brecha digital. Aumento de los radicalismos y nacionalismos
Migración	Fuerte inmigración que permite el sostenimiento del crecimiento demográfico y el sostenimiento de la mano de obra	Fuerte inmigración que permite el sostenimiento del crecimiento demográfico y el sostenimiento de la mano de obra
Banca	Aparición del papel moneda	Aparición de modelos de banca digital

Tabla 1. Comparación entre etapas

3. Concepción cognitivo-conductual

La psicología cognitiva se centra en la comprensión de la percepción humana, el pensamiento y la memoria, incluyendo el esquema, los niveles de pensamiento y la memoria constructiva.

3.1 La percepción

La sensación empieza cuando la energía estimula una célula receptora en alguno de los órganos sensoriales

La percepción es el proceso mediante el cual se organiza y da sentido a la información sensorial. A partir de los sentidos, se crean experiencias perceptuales más allá de lo que se siente.

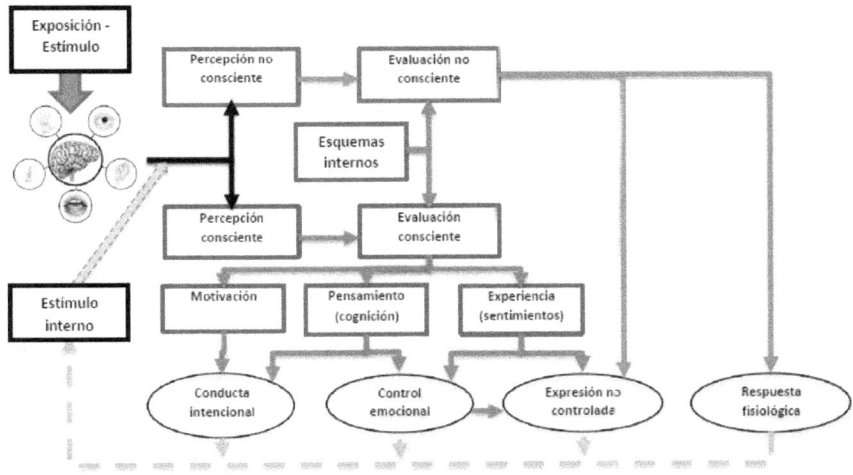

Fig 2. Esquema de procesado de estímulos

En la percepción influyen la experiencia y el aprendizaje, así como la motivación y emoción, los valores, las expectativas, el estilo cognitivo, la cultura y la personalidad.

3.2 La memoria

La memoria se divide en las etapas de adquisición, almacenamiento y recuperación. Para crear un recuerdo nuevo es necesario adquirir e incorporar al sistema información.

La memoria sensorial lleva a cabo el procesamiento perceptivo inicial identificando los estímulos entrantes y reteniendo la información en registros sensoriales. La información es procesada a través del reconocimiento de patrones (asociar la información con un patrón reconocible). A continuación, los estímulos se trasladan a la memoria a corto plazo donde se procesa la información según su significado. La información relevante es almacenada indefinidamente en la memoria a largo plazo hasta que vuelve a ser requerida. Existe un bucle que conecta la memoria a largo plazo con la memoria sensorial. La metacognición guía el flujo de información a través de los tres sistemas de memoria.

Un estímulo del entorno ha de ser detectado, pero no necesariamente comprendido. Debe ser transformado y retenido de algún modo (almacenamiento). Un cuerpo de conocimiento disponible debe ponerse en relación con el estímulo (reconocimiento de patrones). Finalmente se debe tomar alguna decisión de su significado (asignación de significado).

Disponemos de registros visuales que permite registrar gran parte de la información que ven en exposiciones breves de tiempo y disponer de ella, una vez se retira de la vista, alrededor de unos 0,5 segundos. Así mismo disponemos de registros auditivos que retienen información relativamente poco procesada mientras comienza el procesamiento perceptivo, permitiendo el almacenamiento durante algo más de 3 segundos en los registros auditivos.

El conocimiento previo influye directamente en la percepción, en el reconocimiento de patrones y en la asignación de significado.

La memoria a corto plazo (MCP) es el mecanismo de memoria que permite retener una cantidad limitada de información procesada de manera temporal, durante un periodo corto de tiempo.

La memoria a largo plazo (MLP) es el mecanismo cerebral que permite codificar y retener una cantidad prácticamente ilimitada de información durante un periodo largo de tiempo. Un tipo de MLP es la memoria procedimental o memoria motora, que es la parte de la memoria que participa en el recuerdo de las habilidades motoras y ejecutivas necesarias para realizar una tarea y es consecuencia de un proceso de aprendizaje realizado en el pasado y almacenado. Por su parte, la memoria declarativa se compone tanto de recuerdos personales como de hechos o conocimientos adquiridos.

La memoria emocional, que se debe al aprendizaje, el almacenamiento y el recuerdo de eventos asociados con las respuestas fisiológicas que se daban en el momento en que tuvieron lugar dichos sucesos. Se relaciona con la memoria procedimental y la memoria declarativa.

Un sistema de memoria transactiva es un mecanismo a través del cual los grupos codifican, almacenan y recuperan colectivamente conocimiento (Daniel Wegner; Universidad de Harvard, 1985). En esencia plantea que un sujeto no sólo almacena datos en su propio cerebro, sino que también lo hace usando el de otras personas.

La tarea de recordar se constituye como una tarea social. La tendencia a distribuir información mediante un sistema de memoria transactiva se desarrolló en un mundo de interacciones personales cara a cara, en el que la mente humana ejercía una función primordial para almacenar contenidos.

3.3 Los esquemas

Los esquemas son estructuras de conocimiento, organizadas por temas en la memoria a largo plazo, que contienen elementos de información interrelacionada y que proporcionan planes para adquirir información adicional Incorporan prototipos, análisis de características y descripciones estructurales. Es un patrón organizado de pensamiento e ideas preconcebidas, en la manera particular de pensar y de ver el mundo que guía las emociones y condiciona la conducta de manera inconsciente.

3.4 La metacognición

La metacognición se refiere al pensamiento estratégico para utilizar y regular la propia actividad de aprendizaje y habituarse a reflexionar sobre el propio conocimiento

3.5 La atención

La atención es la dedicación de recursos cognitivos en una tarea determinada y se asigna de maneras diferentes dependiendo de la situación. La capacidad de procesamientos es limitada, las personas sólo pueden prestar atención a un número limitado de cosas simultáneamente.

3.6 El aprendizaje

Estrechamente vinculado con la memoria es el proceso de aprendizaje.

El aprendizaje es el proceso a través del cual el ser humano adquiere o modifica sus habilidades, destrezas, conocimientos o conductas, como fruto de la experiencia directa, el estudio, la observación, el razonamiento o la instrucción.

Existen diferentes tipologías de clasificación de modos de aprendizaje. A efectos didácticos de la presente tesis, pueden utilizarse las siguientes catalogaciones:

- Aprendizaje implícito: hace referencia a un tipo de aprendizaje que se constituye en un aprendizaje generalmente no-intencional y donde el aprendiz no es consciente sobre qué se aprende. El resultado de este aprendizaje es la ejecución automática de una conducta motora.
- Aprendizaje explícito: se caracteriza porque se tiene la intención de aprender y se es consciente de qué se aprende.
    - Aprendizaje asociativo: es el proceso por el cual un individuo aprende la asociación entre dos estímulos o un estímulo y un comportamiento.
    - Aprendizaje no asociativo: es un tipo de aprendizaje que se basa en un cambio de la respuesta ante un estímulo que se presenta de forma continua y repetida. Dentro del aprendizaje no asociativo se dispone de los fenómenos de habituación y de sensibilización.
    - Aprendizaje significativo: se caracteriza porque el individuo recoge la información, la selecciona, organiza y establece relaciones con el conocimiento que ya tenía previamente, relacionando la información nueva con la que ya se posee.

- Aprendizaje observacional o aprendizaje social, vicario, por imitación o modelado: se basa en una situación social en la que al menos participan dos individuos y en la que se dispone de un modelo (del que se aprende) y un observador de dicho modelo que aprende.
- Aprendizaje experiencial: es el aprendizaje que se produce fruto de la experiencia.
- Aprendizaje por descubrimiento: hace referencia al aprendizaje activo, en el que la persona en vez aprender de forma pasiva, descubre, relaciona y reordena los conceptos para adaptarlos a su esquema cognitivo.
- Aprendizaje memorístico: se basa en aprender y fijar en la memoria distintos conceptos sin entender lo que significan, por lo que no realiza un proceso de significación. Es un tipo de aprendizaje que se lleva a cabo como una acción mecánica y repetitiva.

3.7 La motivación

Entendemos como motivación a los procesos psicológicos implicados en la activación, dirección, magnitud y mantenimiento de una determinada conducta, así como la conducción hacia una meta u objetivo buscado.

Es posible modificar la motivación si se varia la relación del sujeto frente a la misma, es decir si se altera o modifica cualquiera de las variables que se correlacionan con la motivación del sujeto, tales como el contexto, los conocimientos, las necesidades, etc.

Aunque, a nivel epistemológico cabría diferencias entre el término necesidad y pulsión, con fines didácticos, y a modo de simplificación, debe entenderse aquí el término necesidad como aquellas situaciones en las que un organismo experimenta y/o manifiesta falta de algún elemento importante para su funcionamiento y aquellas manifestaciones psicológicas de una situación de privación, carestía o necesidad biológica.

La motivación empuja a cualquier organismo a buscar y alcanzar el equilibrio, a pesar de los cambios del entorno y de sus necesidades. El objetivo más esencial que motiva a todo organismo es incrementar la probabilidad de supervivencia, mejorando las condiciones de vida.

La motivación incluye la conducta motivada, conformada por las fases de aproximación y ejecución (apetitiva y consumativa), y variables cognitivas y afectivas.

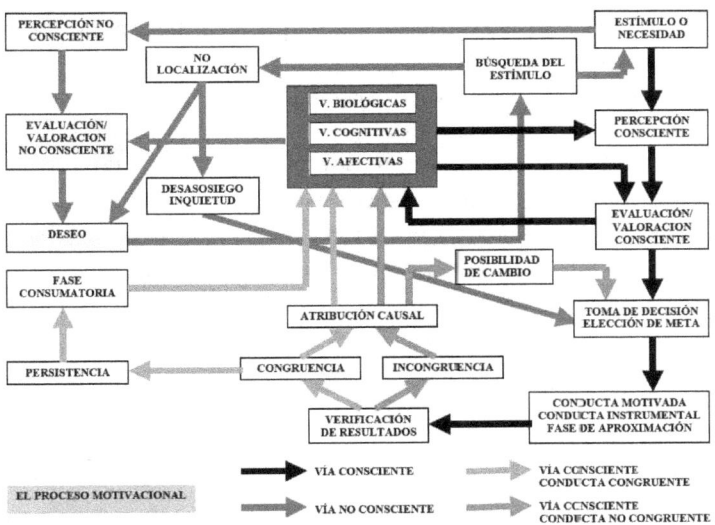

Fig 3. Esquema del proceso motivacional (fuente: Behavior & Law)

Existe diferentes enfoques acerca de la motivación: biológico, comportamental (aprendizaje), cognitivo-social y centrado en las diferencias individuales.

Según el enfoque biológico, la motivación se basa en una cuestión evolucionista, es decir, debido a la selección natural y a la evolución de la especie humana, se dispone de una serie mecanismos autorreguladores para la supervivencia y existe una determinación genética de algunas conductas motivadas.

En el enfoque comportamental, se dispone de dos teorías acerca de la motivación, (1) la teorías o estudios sobre recompensas e incentivos, según la cual una recompensa es cualquier objeto ambiental atractivo que sigue a una conducta, haciendo aumentar la probabilidad de que esa conducta se vuelva a producir en un futuro y el incentivo es lo mismo que la recompensa pero a nivel previo, es la anticipación a la recompensa, y (2) la teoría del proceso oponente, según la cual hay estímulos que modifican las propiedades hedónicas, no sólo por asociación sino por el paso del tiempo o la repetida exposición a un mismo estímulo afectivo.

El enfoque cognitivo-social la motivación sigue un esquema básico de estímulo-cognición-conducta según el cual consideramos como aspectos relevantes el procesamiento activo de la información presente, la formación de estructuras cognitivas o representacionales genéricas sobre el mundo a partir de nuestra experiencia y que determinadas estructuras cognitivas que afectan a la conducta motivada.

El enfoque centrado en las diferencias individuales se basa en las diferencias de personalidades de los sujetos en tanto a que las personas difieren unas de otras en muchas formas, ya que tienen distintas capacidades, personalidades y necesidades, por lo que su motivación es diferente.

3.8 La conducta

La conducta hace referencia al comportamiento de las personas. Es la expresión de las particularidades de los sujetos, es decir la manifestación de la personalidad y cuenta con tres factores que la regulan o influyen: el fin, la motivación y la causalidad.

La teoría de la conducta establece que los acontecimientos del contexto son condición necesaria y suficiente para dar cuenta del comportamiento psicológico y, por tanto, los cambios en el comportamiento son función exclusivamente de los cambios en el contexto. La teoría de la acción razonada (theory of reasoned action; TRA) es un modelo general de las relaciones entre actitudes, convicciones, presión social, intenciones y conducta (Martin Fishbein e Icek Ajzen; 1975, 1980).

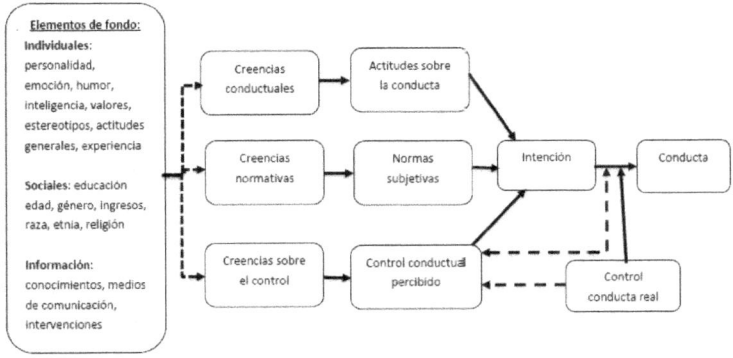

Fig 4. Teoría de la Acción Razonada y de la Conducta Planificada (Ajzen y Fishbein, 2005)

Según este modelo, la conducta viene directamente determinada por la intención conductual. La intención conductual, a su vez, está determinada por la actitud conductual, que consiste en la evaluación positiva o negativa del sujeto para desarrollar tal conducta y está determinada por la probabilidad subjetiva (probabilidad que percibimos de que cierta conducta conducirá a una determinada consecuencia) y por la deseabilidad subjetiva (deseo del sujeto de que cierta consecuencia ocurra), y la norma subjetiva, que se trata del juicio que hace el sujeto sobre la probabilidad de que personas importantes o relevantes para él esperen que el propio sujeto muestre la conducta a pronosticar y depende de las creencias normativas (lo que otras personas relevantes para el sujeto esperan que este haga) y la motivación para acomodarse a ellas (grado en que el sujeto hace caso de lo que opinan que debe hacer las personas relevantes para él).

3.9 La emoción

La emoción se refiere a la experiencia de sentimientos que activan e influyen en la conducta. Los instintos son conducta innatas inflexibles y dirigidas a metas que caracterizan a toda una especie.

La teoría de la activación propone que los organismos buscan un nivel óptimo de activación.

Desde la postulación de Charles Darwin sobre la expresión emocional del hombre se ha evolucionado en la idea de las emociones como "instinto base". Plutchik (1980) propuso la existencia de ocho emociones básicas (temor, sorpresa, tristeza, repulsión, enojo, anticipación, alegría y aceptación). Paul Ekman argumenta que son seis (felicidad, temor, sorpresa, tristeza, asco e ira), para, más tarde, incluir una sétima (disgusto).

La teoría de James-Lange plantea que los estímulos causan cambios fisiológicos el cuerpo del individuo y las emociones son el resultado de dichos cambios. La teoría de Cannon-Bard plantea que la experiencia de la emoción ocurre al mismo tiempo que los cambios biológicos. La teoría cognitiva afirma que la experiencia emocional depende de la percepción o juicio que hace la persona a una situación.

Existen diversos canales de comunicación de la emoción, entre ellos la expresión facial, los gestos, la posición del cuerpo, el espacio ocupado, la prosodia, el tacto y la oculésica.

Cabe destacar el importante descubrimiento llevado a cabo por el equipo de G. Rizzolatti en la década de los años noventa del siglo XX: las neuronas espejo.

Los conjuntos de neuronas espejo parecen codificar plantillas para acciones específicas, lo cual permite a un individuo no sólo llevar a cabo acciones motoras sin pensar en ellas, sino también comprender las acciones observadas, sin necesidad de razonamiento alguno.

Las neuronas espejo se disparan de la misma forma cuando se realiza una acción que cuando se observa a alguien realizarla. Gracias al funcionamiento de las neuronas espejo es posible explicar el aprendizaje por imitación, la emulación y también la empatía.

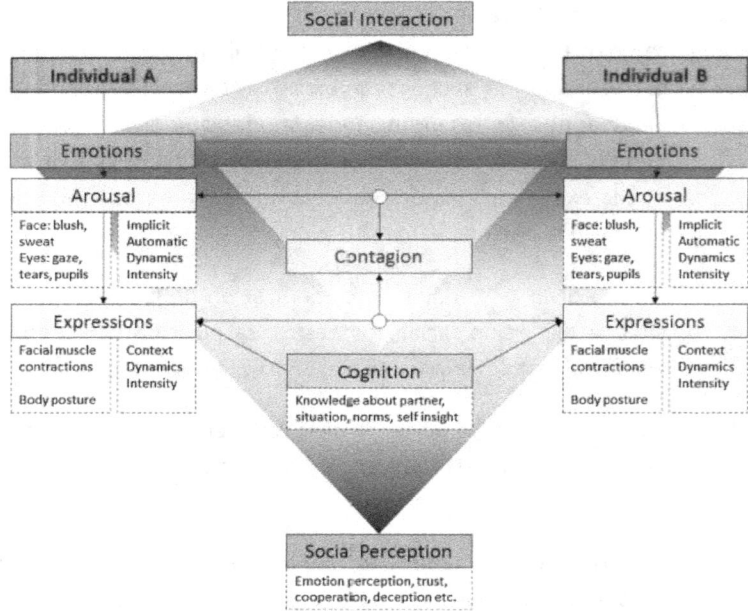

Fig 5. Esquema de relación emociones entre sujetos y la cognición

3.10 La teoría de la mente

El cerebro funciona, básicamente como una máquina predictiva encaminada a reducir la incertidumbre del entorno.

La teoría de la mente se refiere a la habilidad para comprender y predecir la conducta de otras personas, sus conocimientos, sus intenciones y sus creencias.

Cuando un sujeto inteligente está dotado de teoría de la mente se entiende que tiene la capacidad de comprender y reflexionar respecto al estado mental de sí mismo y del prójimo.

Se refiere a una habilidad heterometacognitiva. Se recogen aspectos metacognitivos como la interpretación de emociones básicas y emociones sociales, la capacidad de captar el discurso metafórico, las mentiras o la ironía, la capacidad para atribuir deseos, intenciones y creencias a otros y la capacidad de ponerse en el lugar de otro.

En el ser humano, la capacidad de cognición se adquiere normalmente entre los 3-4 años. La activación de esta capacidad se consigue a partir de una estimulación eficaz que deriva de la naturaleza, del ambiente y de los factores culturales que inciden en la naturaleza humana.

3.11   El pensamiento humano

Para conocer el punto de partida conviene determinar el planteamiento inicial respecto a los elementos clave que rigen la revolución, dado que son éstos los que van a impactar en el pensamiento humano.

Es importante entender cuál es el proceso de pensamiento humano que rige las tomas de decisión. En este sentido, se plantean tres principios básicos de pensamiento que influyen en esta:

1. Pensamiento automático. Es un proceso rápido, asociativo y que no exige esfuerzo. El ser humano, ante una situación que exigiría su concentración para decidir, tiende a completar la información faltante en base a los supuestos que tiene sobre el mundo, evaluando la situación a partir de la asociación de conceptos que surge de manera automática y de los sistemas de creencias de que se dispone y que se dan por sentados sin rebatirlos.

2. Pensamiento basado en modelos mentales. Los seres humanos no utilizan conceptos elaborados por sí mismos, sino que tienden a utilizar conceptos basados en categorías, identidades, estereotipos, prototipos, argumentos causales o visiones extraídas de su comunidad y que provienen de las interacciones sociales. A partir de estas interacciones, crean modelos que actúan como esquemas de significado interrelacionado. Estos modelos influyen en la percepción del individuo, así como en el modo de interpretar una situación concreta.

    En base a ellos, el individuo configura su comprensión sobre aquello que es correcto, lo que es natural y lo que es posible. Cuando estos modelos adquieren la categoría de modelo compartido, pueden resultar persistentes y ejercer gran influencia en la sociedad y en el individuo, tanto en sus elecciones como en su adquisición de nuevos esquemas. Muchas veces, algunos de los esquemas son contradictorios, pero solo se activan aquellos que requieren ser utilizados en un contexto determinado. Cuando se fuerza la activación de esquemas contradictorios al mismo tiempo es cuando surgen las disonancias cognitivas en el sujeto.

3. Pensamiento social. Todo individuo está sujeto a la presión e influencia de las redes sociales, las identidades sociales y las normas sociales que influyen en la percepción de este. El objetivo del individuo es encajar en el grupo y tiende a imitar las conductas del colectivo, en un afán de cooperar con el resto. Cuando se establecen patrones de conducta colectivos, estos se refuerzan a sí mismos, consiguiendo, así, una fuerte coordinación que provoca esquemas difíciles de modificar.

A partir de estos principios, puede entenderse cuál es la respuesta esperada de un individuo ante un aspecto concreto. La motivación lleva al individuo a tratar de alcanzar una meta. El motivo es la necesidad o deseo específico que activa una conducta dirigida a metas.

Puede distinguirse entre motivación intrínseca, que es el deseo de realizar una conducta que surge del gozo derivado de la propia conducta, y conducta extrínseca, que es el deseo de realizar una conducta que obtiene una recompensa o evita un castigo externo.

Abraham Maslow (1908-1970) desarrolló una de las teorías sobre la motivación más importantes. Esta teoría jerarquiza las necesidades humanas y sostiene que los motivos de orden superior que implican crecimiento social y personal sólo aparecen después de que se han satisfecho los motivos de nivel inferior relacionados con la supervivencia. La motivación es la clave del avance. Esta teoría se divide en necesidades del déficit (D-needs), que son los tres primeros escalones de la pirámide, y las necesidades del ser (B-needs), que corresponden a los dos últimos.

Todos los motivos son desencadenados por algún tipo de estímulo. La emoción se refiere a la experiencia de sentimientos que activan e influyen en la conducta.

Puede entenderse la tecnología como un nuevo elemento y, a la vez, un nuevo medio en el que el individuo debe subsistir. Ello implica un afrontamiento al nuevo desafío.

En tanto a los aspectos relacionados con el impacto en la estructura social, económica, política y legal que se han detallado en puntos anteriores, resulta evidente entender que el ser humano tiene, ante sí, un agente externo que le empuja a decidir cuál debe ser su vinculación.

Antes de proseguir en cada uno de los ámbitos de intervención sobre los que impacta la tecnología, merece la pena abordar un nuevo concepto relacionado con la toma de decisión, la adaptación.

La adaptación se entiende como la capacidad de proporcionar una respuesta adecuada y coherente a las exigencias del medio. En lo que respecta a la sociología, la adaptación se refiere al proceso mediante el cual un individuo o grupo de individuos cambian sus comportamientos para ajustarse a las reglas o normas que imperan en el medio social.

Esta adaptación está intrínsecamente ligada al pensamiento, dado que la evaluación del medio llevada a cabo por el individuo vendrá condicionada por los principios antes mencionados.

La adaptación social afectará a la personalidad del individuo, ya que se produce en tres niveles: el biológico, el afectivo y el mental.

La adaptación a nivel biológico implica que el individuo desarrolle necesidades fisiológicas, gestos o preferencias características según el entorno sociocultural en el que vive.

A nivel afectivo, la afectación vendrá dada por la aceptación o rechazo de ciertas expresiones emocionales en la cultura o sociedad.

La adaptación a nivel mental se consigue mediante la incorporación de conocimientos, prejuicios o estereotipos propios de la cultura determinada.

El individuo debe compartir con los valores, normas, modelos y símbolos establecidos si quiere considerarse parte integrante de la sociedad, a pesar de que no todos los individuos alcanzan el mismo grado de adhesión, sino que se adquieren diferentes grados de conformidad dependiendo de la sumisión o libertad de decisión del individuo y de la rigidez o tolerancia de la sociedad.

Igualmente clave resulta resaltar que la inadaptación es el polo opuesto. Los aspectos cognitivo-afectivos tienen una importancia fundamental en la capacidad del individuo para efectuar análisis, predecir consecuencias y, por tanto, alcanzar el grado de adhesión y adaptación que considere óptimo en base a la realidad. Una mala conjunción de estos factores puede provocar una inadaptación de este.

En el caso de sociedades industrializadas, la adaptación social a los nuevos modelos y características se realiza a una velocidad mayor que en aquellas menos industrializadas, principalmente por el fuerte estrés de cambio que se presentará más adelante, cuando se lleve a cabo el estudio bajo modelos matemáticos. Esto lleva a un planteamiento claro sobre cuáles son los aspectos clave que provocan la necesidad de esta adaptación social.

3.12 La memética

La evolución orgánica se basa en la replicación de unidades de información genética (genes). La evolución cultural se basa en la replicación de unidades de información cultural (memes). Según Richard Dawkins (El gen egoísta) el término meme sirve para describir una unidad de evolución cultural humana análoga a los genes, argumentando que la replicación también ocurre en la cultura, aunque en un sentido diferente.

Un meme es una unidad mínima de información cultural difundida por imitación y sigue un modelo evolutivo sometido a selección social.

Los genes permiten la conservación de la especie. La reproducción de los memes en una cultura es el factor que garantiza su éxito, con independencia de los costes y beneficios que aporten.

La mente es susceptible de recibir representaciones culturales, aunque no toda representación cultural ha de ser útil para el ser humano. Por ello, en la sociedad persisten aquellas actividades culturales que son de alguna utilidad para los que las adoptan.

3.13 La ciencia sobre la felicidad humana

En 2012 por Naciones Unidas elaboró desde el primer Informe Mundial de la Felicidad de las ciudades. La felicidad es considerada en el siglo XXI una medida justa de progreso social y un objetivo de la política pública.

Un número cada vez mayor de los gobiernos nacionales y locales comenzaron a medir el bienestar subjetivo, y usando la investigación sobre bienestar como una guía para el diseño de los espacios públicos y la prestación de servicios públicos y a utilizar los datos e investigación sobre la felicidad en la búsqueda de políticas que pudieran permitir a la gente a vivir una vida mejor.

El Informe Mundial de la Felicidad 2015 subrayó lo fructífero que puede ser la utilización de mediciones de felicidad para orientar la formulación de políticas y para evaluar el bienestar general en cada sociedad.

El informe de 2018 clasificó a 156 países por su nivel de felicidad a partir de datos de entre 2015 y 2017, y además valoró la felicidad de los inmigrantes en los países de residencia, a partir de una tabla que incluía 117 países.

Según el informe mundial de la felicidad 2018, la alegría responde a 6 variables, evaluando el bienestar de una sociedad bajo los siguientes factores: ingresos, esperanza de vida, apoyo social, libertad, confianza y generosidad. El informe mundial de la felicidad de 2018 finalizó con tres problemas de salud que amenazan la felicidad: la obesidad, la crisis de opioides y la depresión.

La psicología y la psiquiatría durante prácticamente todo el siglo XX estuvieron preocupadas solo en describir y tratar las enfermedades mentales, ignorando casi por completo la normalidad y la "supranormalidad". En los primeros años del siglo XXI, la ciencia empezó a trabajar el potencial humano y a estudiar qué factores son necesarios para moverse desde un estado "normal" a un estado óptimo.

Ruut Veenhoven, de la Erasmus University en Rotterdam, con más de 30 años de estudio desde una perspectiva rigurosamente científica del fenómeno que supone la felicidad en la sociedad, plantea tres conclusiones a partir de su trabajo:

1) El ser humano tiene cierta predisposición a ser felices o infelices. Aproximadamente un 25% de su potencial para la felicidad parece estar relacionado con los genes.

2) Las condiciones externas y otros factores generales como la riqueza, educación, estatus social, hobbies, sexo, edad, etnia, etc., tienen una influencia circunstancial y aportan solo entre el 10 y 15% del cociente de satisfacción.

3) En mayor medida, es posible ejercer una influencia muy considerable en la experiencia de felicidad a través de la manera de vivir, pensar, y, sobre todo, reaccionar ante eventos externos. Es decir, la felicidad depende de cómo decida la persona interpretar la realidad.

A través de otros estudios se obtienen más datos. Las cuotas de felicidad se elevan con la interacción social. La práctica de deporte o la música también contribuyen. La felicidad tiende a ser más pronunciada entre personas con altos niveles de energía y en buena condición física.

Formar parte de algún club de ocio o deportivo también genera felicidad, mientras que las actividades de ocio aumentan la satisfacción personal.

Una mayor sensación de control sobre las propias vidas es fuente de felicidad. La sensación de control es ansiolítica y antidepresiva. El sentimiento de realización y de capacidad es también beneficioso.

En cuanto a sentimientos y formas de ser, la felicidad va de la mano con la empatía y la extroversión. Las personas abiertas al mundo son generalmente más felices que las más reservadas.

Por otro lado, la neurociencia también explica cómo funciona el circuito de felicidad en el cerebro. Hay dos leyes que gobiernan a la especie humana por encima de todas: la supervivencia del individuo y la supervivencia de la especie.

Para garantizar conseguir ambas supervivencias, el cerebro está dotado con un circuito de recompensa, el cual, mediante la producción de hormonas, se va a encargar de ofrecer recompensas ante conductas encaminadas a seguir vivos y a perpetuarse. Así, hasta cuatro recompensas naturales (comer, beber, movimiento y contacto físico y sexo) son las responsables de conseguir una óptima sensación de bienestar.

Cuando el cerebro no recibe estímulos placenteros, se produce un déficit de dopamina (neurotransmisor que actúa en el circuito de recompensa del cerebro), provocando un estado opuesto a la felicidad.

Martin Seligman de la Universidad de Pennsylvania, pionero de la Psicología Positiva, propuso una teoría del bienestar, que describe lo que significa la felicidad, en la que la describe como un constructo con cinco elementos:

1) La emoción positiva, que se consigue gracias a las acciones diarias encaminadas a cubrir nuestras necesidades (la comida, el sexo, descansar, etc.).

2) El fluir (flow). Es un estado psicológico específico que experimentamos cuando hacemos una tarea que nos apasiona.

3) El sentido. Este resulta de hacer una tarea significativa por los demás, es decir, encontrar un sentido o propósito a la vida más allá de uno.

4) Los logros, el éxito y la experticia. Ciertos logros no traen necesariamente el aumento de felicidad que se espera, aunque la ciencia encontró que hay personas para las cuales sí funciona.

5) Las relaciones positivas.

El ser humano es un animal social, por lo cual requiere involucrar a otras personas para conseguir llenar estos aspectos.

3.14 La tecnología y la psique

La tecnología, como herramienta de mejora de los procesos cognitivos y de la ampliación de capacidades de ser humano, cuenta con importantes avances en el siglo XXI.

El objetivo esencial es dotar al ser humano de nuevas capacidades, mejorar otras y compensar los déficits relacionados con diversos trastornos (de comunicación, de la memoria, de las capacidades sensoriales, etc).

Así como la tecnología puede impactar en la cognición de las personas, también lo hace en su relación con el entorno y en la dinámica sociológica resultante.

3.14.1 Las ciudades inteligentes

En el siglo XIX, la Revolución industrial provocó una gran expansión urbana lo que generó grandes problemas sociales y ambientales. Para hacer frente a este problema, las ciudades crearon redes centralizadas para el suministro de agua potable, energía y alimentos seguros no contaminados. Esto sólo fue posible gracias a la mejora del transporte y del comercio y al acceso ordenado a la energía y a la atención sanitaria.

El Siglo XXI está marcado por una nueva gran expansión de dimensiones mucho mayores que provoca una congestión del tráfico, instituciones políticas estancadas, recursos insuficientes para abastecer a la población y graves problemas ambientales.

Según datos aportados por el Departamento de Población de las Naciones Unidas, en 2030, la población mundial crecerá por encima de los 8 mil millones de personas y a mediados de siglo la cifra se aproximará a los 9 mil millones, por los cerca de 7 mil millones de personas que había en 2017. El Consejo Mundial del Agua augura que más del 70% de la población mundial vivirá en ciudades para 2030, contra el aproximadamente 50% actual.

Según el Informe "Migraciones en el Mundo 2015: Los migrantes y las ciudades: Nuevas colaboraciones para gestionar la movilidad", publicado por la OIM, en 2014, más del 54% del total de los habitantes del planeta vivía en zonas urbanas (DAES,

Naciones Unidas, 2014) y para 2050 la población urbana actual aumentará hasta alcanzar unos 6.400 millones (tal como augura el Consejo Mundial del Agua).

A este dato de crecimiento, hay que añadir el aumento de la longevidad de la población gracias a los avances en salud. Según datos de la OMS, en 2050 la población mundial con más de 60 años alcanzará cerca de 2.000 millones.

Según el World Wildlife Fund si la población mundial alcanza los nueve mil millones de personas, se necesitará el equivalente a los recursos de dos planetas para asegurar la vida de todos, según el modelo de consumo en 2018.

Naciones Unidas prevé que, a partir de 2050, entre 2 y 7 mil millones de individuos se enfrentarán a la escasez de agua para el consumo. Según datos del Consejo Mundial del Agua, el 40% de la población mundial vivirá en cuencas hidrográficas bajo estrés hídrico severo. Esta presión puede provocar conflictos armados y políticos por adquirir un bien como el agua.

El cambio climático, por su parte, está provocando el aumento de la temperatura en todo el mundo. En las ciudades, las temperaturas del aire son más altas que las áreas rurales, con diferencias de temperatura durante la noche de hasta 10ºC en condiciones favorables. Si no hay cambios sustanciales en la forma en que se usan los combustibles fósiles, el nivel de dióxido de carbono aumentará provocando un aumento medio de la temperatura de unos 4ºC. Este aumento de la temperatura pone en riesgo la posibilidad de vida en algunas ciudades.

Por otro lado, la fuerte diferencia de temperatura entre la atmósfera superior e inferior provoca la aparición de mayor número de huracanes y ciclones que pueden llegar a arrasar zonas del planeta en las que se concentra la población.

Por su parte, un aumento de la polución en ciudades incrementa el número de enfermedades, morbilidad y mortalidad. A este impacto en la salud cabe sumar el factor de estrés derivado del aumento del tráfico y del problema de movilidad en las ciudades debido al gran número de vehículos que transitan por estas, así como trastornos de sueño provocados por el ruido de los vehículos y que provocan importantes enfermedades mentales.

Ante esta situación, surge la necesidad de cambiar el modelo de ciudad por una ciudad más sostenible y eficiente. Este nuevo modelo, mucho más orientado a innovar y conducir a la adaptación al nuevo medio, es el de las ciudades inteligentes. Se define la Smart City (Ciudad Inteligente) como aquella capaz de gestionar los recursos y las fuentes de energía de manera óptima, para mejorar la calidad de vida de personas y del entorno, optimizando los servicios y mejorando su rentabilidad de uso. Engloba aspectos sociales, técnicos, políticos y funcionales (Colado, 2017).

Las Smart Cities cuentan con diversas capas de tecnología, en las que se despliega una fuerte capa de comunicaciones que sirve como canal de intercambio de información entre sensores y equipos actuadores que ejecutan acciones. Además, se transmite la información a centros de análisis de datos que permiten la toma de decisión en políticas de intervención para construir ciudades más resilientes.

Pero el modelo de ciudad inteligente también incluye la participación de las redes sociales de ciudadanos que interactúan de manera descentralizada para el sostenimiento del modelo.

La ciudad cambia el modelo y, con ello, la manera de vivir en la ciudad, de consumir y de producir.

Según la filosofía de Bo-miljø, una teoría del diseño urbano de 1970 nacida en Dinamarca por Ingrid Gehl, identifica ocho necesidades psicológicas básicas que las personas tienen en relación con sus entornos de vida: contacto, privacidad, experiencias, determinación, juego, orientación, propiedad y estética. La investigación descubrió que los pueblos y ciudades con una actividad próspera y viva eran a menudo los establecidos antes de que se llevara a cabo el desarrollo del nuevo estilo de diseño racional posterior a la Segunda Guerra Mundial, basado en el diseño de ciudades como sistemas de máquinas y que conducen a una mala salud psicológica.

Finalmente, un estudio realizado por Alex "Sandy" Pentland, del MIT, observó que aquellos individuos, organizaciones, ciudades y sociedades que se relacionan con otras y exploran el exterior de su área social logran mayor productividad, acrecientan su creatividad y viven más años y con mejor salud.

La conectividad y la exploración permiten vaticinar parámetros sociales como la esperanza de vida, la tasa de criminalidad y la mortalidad infantil. Las zonas y distritos relacionados entre sí y conectados a comunidades próximas tienden a desarrollar bienestar y prosperidad.

La conectividad se mide por la proporción de posibles intercambios interpersonales de forma regular en un grupo, y está directamente relacionada con la creatividad e inversamente relacionada con el estrés. Por su parte, la exploración se refiere al grado en que los miembros del grupo importan ideas nuevas del exterior y permite predecir el grado de innovación y de creatividad del colectivo.

3.14.2 Tecnologías para la accesibilidad

Algunas tecnologías, correspondientes a una etapa de madurez mayor, forman parte de la vida cotidiana de miles de personas. Entre estas cabe destacar las tecnologías de accesibilidad y las de soporte a personas con discapacidades visuales y auditivas.

La aparición de la silla de ruedas se remonta al siglo XVI mientras que el desarrollo del sistema Braille de lectura para invidentes empezó a desarrollarse a principios del siglo XIX, pero es en la segunda mitad del siglo XX cuando se empieza a el medio físico a las personas y a desarrollar ayudas técnicas para que las personas puedan acceder a los espacios.

A este desarrollo, principalmente arquitectónico, se le unen otras tecnologías de accesibilidad tales como la accesibilidad web, sistemas de aumentado de imagen, sistemas técnicos visuales que replican alarmas sonoras, así como tecnologías más avanzadas como sistemas de vibración en la piel, conmutando el sentido del oído con el tacto y la transmisión de imagen a través de conectores directos al cerebro, que interpretan la imagen y la transmiten a la red neural humana.

Incluso se ha trabajo para el desarrollo de prótesis capaces de sustituir partes del cuerpo humano. La capacidad de adquirir sensaciones nuevas ha llevado a la creación de sistemas que permiten la conexión de los canales sensitivos directamente con el cerebro, a través de las interfaces mentales. En 2019, se presentó una piel electrónica que permite a los usuarios de prótesis y a los robots a sentir estímulos mucho más táctiles e incluso el dolor que experimenta un humano.

Gracias a estas tecnologías, es posible disponer de experiencias antes no posibles para las personas con discapacidades sensoriales o motrices.

Esta tecnología impacta en la percepción que pueden tener algunos sujetos de su entorno, al disponer de uno o varios nuevos canales o medios sensoriales. También impacta en la motivación de los sujetos al ampliar sus capacidades ante las dificultades del entorno.

3.14.3 Blockchain

Blockchain es una tecnología de contabilidad distribuida (distributed ledger technologies; DLT) y constituye la primera herramienta inventada por los humanos que tiene un núcleo de moralidad que puede separar la dualidad del bien y el mal, es decir separar los buenos actores de os malos. Para ello, los desarrolladores y usuarios de esta tecnología se comprometen a hacer que el mundo funcione de manera más eficiente, segura y racional.

Se trata de una base de datos distribuida que mantiene un listado de registros, o bloques.

Es una tecnología es utilizada en gran número de sectores, pero los más utilizados desde sus orígenes son las criptomonedas, la banca, las firmas digitales, la transferencia de documentación que requiere autentificación, etc.

Gracias a esta tecnología y a la seguridad de transferencia de información mediante la cadena de bloques, el usuario recupera la seguridad y confianza en la transferencia de información, pagos, etc. Uno de los elementos claves en la Revolución Cognitiva fue el hecho de poder confiar en quién transmitir información. Blockchain permite asegurar este hecho, lo que permite una difusión a mayor escala y a mayor velocidad de información sensible que no se transmite. Aprovecha la potencia de internet y la seguridad de asegurar el destinatario.

Además, una de las funciones adicionales que cumple Blockchain es la de evitar la desinformación, tan común en internet a través de las fake.

3.14.4 La realidad virtual

La realidad virtual, a pesar de no haberse consolidado aún en los principios del siglo XXI como se esperaba, es una de las tecnologías con más impacto en la cognición de los usuarios, al punto que incluso se está utilizando en el ámbito clínico para el tratamiento de trastornos de personalidad y otros trastornos de la mente.

La realidad virtual (RV) se basa en la inmersión dentro de mundos virtuales, iguales o no al mundo físico y relacionados o no con este, es decir, una simulación generada por computadora de un mundo tridimensional que rodea al participante. El uso de la realidad virtual (RV) se ha destinado, en su origen, para fines de entretenimiento y de publicidad más que con otros fines, sin embargo, muchas iniciativas desde el año 2015 se han orientado a la divulgación de conocimiento e incluso a la concienciación social con el objetivo de cambiar costumbres. Un ejemplo es la campaña llevada a cabo por Intermon Oxfam y el programa de televisión Salvados (La Sexta), "Esto es Madrid", en la que enfrentaron en un vídeo de realidad virtual la vida de dos personas residentes en la capital española, pero de diferentes barrios y estatus sociales. Estas iniciativas tratan de impactar en el pensamiento social.

Otros usos intentan ofrecer una visión mejor de la realidad a colectivos vulnerables. En el 2015, un grupo de estudiantes de posgrado de MIT y empresarios de tecnología crearon Rendever, una empresa que ofrece programación de RV para adultos en centros de vida asistida además de para otras personas que estén sufriendo a causa del aislamiento social o la depresión, ofreciendo la oportunidad de participar en actividades y experiencias que son inalcanzables en la vida real, como lugares de viaje o lugares del pasado del usuario, además de transformarse en una plataforma para el desarrollo de la comunidad.

La realidad virtual transporta al usuario a otro mundo e incluso a otro cuerpo y, gracias a la aplicación de tecnologías como la inteligencia artificial y el análisis de datos, permite crear mundos interactivos con el sujeto de tal forma que reaccionan a su comportamiento y permiten al usuario vivir experiencias artificiales que son evaluadas como reales por la mente.

Uno de los avances más potentes que el desarrollo de la RV aporta a la socialización viene de la mano de las comunicaciones.

El hecho de disponer de un entorno virtual y la visión directa de otra persona con la que interactuar en tiempo real permite unir personas que están lejos y que no les es posible de estar juntas incluso a través de la distancia.

Pero no sólo sirve como herramienta de comunicación entre personas o de simulador formativo para aprender una tarea, el mismo equipamiento, conectado on-line, permite desarrollar tareas a larga distancia o desde otro lugar, por ejemplo, en tareas peligrosas o pilotar un drone de combate.

Esta nueva manera de entender la actividad laboral permite al ser humano ampliar el mundo como ya hizo en 1492 con el descubrimiento de América. De nuevo se abre un espacio global de mayor magnitud, pero para cualquiera.

En el ámbito clínico, la realidad virtual es una poderosa herramienta. La Realidad Virtual ha sido adoptada por numerosos psicólogos con enfoques conductuales y cognitivo-conductuales.

Un ejemplo de ello es el del tratamiento de pacientes con TEPT (trastorno de estrés postraumático), los cuales, en muchos casos, desarrollan tendencias de evitación y no pueden o no quieren imaginar su experiencia traumática. Esto limita su capacidad para procesar las emociones angustiosas que son sintomáticas del trastorno de estrés postraumático. Gracias a la realidad virtual, el sujeto puede sumergirse en un entorno virtual representativo de su experiencia, controlando los estímulos al ritmo del paciente.

Otro ejemplo es el de su uso en terapias para estimular la cognición de niños con encefalopatía crónica no evolutiva (ECNE) en el que se introduce a niños con ECNE en un entorno inmersivo para la realización de actividades lúdicas motivantes que estimulen sus funciones cognitivas tales como atención, concentración y memoria.

Incluso más impactante es el poder de sugestión de la RV. A modo de ejemplo cabe citar el proyecto SnowWorld, desarrollado en 1996 por la University of Washington, específicamente pensado para ayudar a los pacientes con quemaduras graves. La ilusión de ser trasladado a un lugar helado era tan poderosa que podía superar hasta el dolor intenso del cuidado de las heridas de víctimas con quemaduras, aplicable también a niños con leucemia que deben someterse a tratamientos dolorosos.

Otras aplicaciones de la RV se centran en la recuperación tras haber sufrido lesiones, engañando a los sentidos y haciendo que el cuerpo sienta algo que no está ahí, ayudando a entrenar a aquellos con prótesis a usar extremidades artificiales y volviendo a establecer las vías neurales para sentir objetos.

Otra de las aplicaciones más sorprendentes de la RV tiene que ver con lo que se conoce como el efecto Proteo, es decir, el afloramiento de un lazo emocional entre el usuario y su avatar generado por ordenador. A modo de ejemplo, sujetos jóvenes se envejecieron digitalmente en la RV, lo que los animó a tomar mejores decisiones financieras puesto que habitar el cuerpo de sus seres futuros ayudó a que el concepto de ahorrar dinero para la jubilación tuviera un significado emocional.

La relación de esta tecnología con la cognición es muy elevada, impactando en la percepción, la motivación y la emoción del usuario, pudiendo alterar los esquemas de valoración del sujeto y trabajar la atención, concentración y memoria.

3.14.5 La Realidad Aumentada, gaming y gamificación

Otras tecnologías que impactan en la cognición son las tecnologías basadas en la incorporación de información adicional en el mundo físico.

Esta tecnología, denominada Realidad Aumentada (RA), se basa en el reconocimiento de elementos del entorno, la relación de estos con la información almacenada en una base de datos y su exposición superpuesta de manera que se amplía la información existente en el entorno con nueva información virtual.

Para Billinghurst (2002) "la tecnología de la Realidad Aumentada ha madurado hasta tal punto que es posible aplicarla en variedad de ámbitos y es educación el área donde esta tecnología podría ser especialmente valiosa" (p.133).

Según Cozar Gutiérrez y Sáez López (2017), la realidad aumentada es un recurso que permite añadir información virtual sobre la realidad propiciando una aplicación educativa que posibilita una serie de dinámicas e interacciones en el aula.

Por su parte, Almenara, Osuna y Obrador (2017), manifiestan que la RA constituye una valiosa tecnología emergente a través de la cual se puede dar respuesta de manera eficaz a los nuevos estilos de aprendizaje requeridos por los alumnos en la sociedad de la información y el conocimiento.

La RA emerge con fuerza en contextos educativos más específicos, como la educación especial y, más en concreto, en casos de intervención con estudiantes con Trastorno del Espectro Autista (TEA) (Bai, Blackwell y Coulouris, 2015).

En lo que respecta al ámbito cínico, entre el 2005 y 2006 la RA ha sido utilizada para el tratamiento de dos fobias específicas: (1) la fobia a animales pequeños (arañas y cucarachas) y (2) la acrofobia.

En el primer caso, se ha contrastado la eficacia de este sistema en una sola sesión de exposición intensiva, siguiendo las directrices de Öst, Salkovskis & Hellstroöm (1991), en un estudio de caso (Botella et al., 2005), una serie de 5 casos (Juan et al., 2005) y en un estudio que utiliza un diseño de línea de base múltiple entre sujetos (Botella, Bretón- López, Quero, Baños & García-Palacios, 2008).

Por su parte, el segundo caso de uso de RA para la acrofobia utiliza fotos-navegables inmersivas y ha demostrado ser capaz de evocar un alto sentido de presencia en personas sin miedo a las alturas (Juan et al., 2006). En 2008 se lleva a cabo un trabajo en el campo de la salud que utiliza un sistema de RA para aliviar el dolor en niños quemados (Mott et al., 2008).

Gracias a la RA el entorno adquiere una nueva dimensión de información, no visible a simple vista, que amplía la experiencia en el entorno. El hecho de disponer de una ampliación de la información tiene dos connotaciones, una experiencial-vivencial y otra experiencial-activa.

La primera se refiere al hecho de vivir la experiencia de manera diferente a la que se vive ante la ausencia de esta información añadida. Imagínese, por ejemplo, el estudio en museo de una especie de dinosaurio en la que, en lugar de ver un conjunto estático de huesos y una lámina informativa con una fotografía impresa del dibujo de cómo era el dinosaurio, el sujeto visitante puede experimentar la visión de éste en 3D, frente a él, incluso escuchar su rugido y, tal vez, verle moverse frente a él.

Esta experiencia aporta una nueva visión de la realidad que condiciona los esquemas de valores y creencias del sujeto. Este caso puede exportase a visitas turísticas, experiencias personales de cualquier índole, formativas, etc.

La segunda se refiere al hecho de vivir la experiencia con un apoyo extra informativo a modo de guía que ayuda al sujeto a llevar a cabo una acción sin requerir un esfuerzo en la búsqueda de la memoria y que puede implicar una ausencia de necesidad de almacenar la acción en la memoria y, por tanto, automatizarla.

Imagínese, por ejemplo, la intervención de un operario ante una avería de un equipo en el que, en lugar de forzar al técnico a buscar en su memoria el aprendizaje acerca de las acciones y procedimiento a seguir, aparece, como información adicional sobre el equipo, aquellas piezas sobre las que tiene que actuar y el procedimiento a seguir.

Dado que el sistema es un guía de intervención preciso y sobre el elemento, el técnico no requiere de esfuerzo ante la resolución y pasa a ser un mero ejecutor como en una cadena de producción, sin aportar creatividad o experiencia. Si bien, este caso puede ser una ayuda formativa si el proceso se lleva a cabo mediante una formación basada en un andamiaje formativo o como una guía de opciones interactiva con el sujeto.

Ambos casos impactan en la percepción que el sujeto puede tener del entorno y puede modelar la memoria como herramienta de soporte y guía, mientras que el primer caso impacta, además, en la generación de metaesquemas.

La realidad aumentada (RA) es también una tecnología útil para la movilización social. Un ejemplo es el de la aplicación Pokémon Go, un fenómeno estudiado ampliamente por su fuerte impacto social y económico comparable solo a otros importantes fenómenos como el iPhone, Facebook, Harry Potter, Star Wars, el cubo de Rubik, o Candy Crush. Este tipo de aplicaciones pueden incluir en su fondo gaming o gamificación.

Es importante diferenciar ambos términos, aunque la gamificación parece mucho a un juego por las técnicas que emplea para motivar.

La gamificación es una herramienta que utiliza técnicas de gaming para inspirar y animar a los usuarios en la conclusión de un objetivo real. El gaming tiene por objeto la diversión, muchas veces basada en la competición ante un reto, pero sin otro objetivo concreto que el éxito en el juego.

Según Jane McGonigal "la realidad es insatisfactoria para un gran número de personas y cómo los entornos que los juegos posibilitan pueden mejorar esa experiencia con la realidad" (2011).

Las aplicaciones de gaming o de gamificación basadas en realidad aumentada pueden influir notoriamente en el comportamiento humano a través de los siguientes aspectos:

1) Riqueza. Las aplicaciones de RA basadas en gaming permiten la generación de negocios en torno al uso, experiencia y cercanía del nexo de conexión. Tanto en el uso de la aplicación y su preparación como en la elaboración de rutas, puntos de interés donde se dirige el tráfico de personas y se induce al consumo, etc.

2) Mayor estatus. El hecho de poder ir avanzando de nivel, entre otros aspectos, como el de disponer de la mayor colección posible comparada con el resto, permite al usuario adquirir y aumentar su estatus.

3) Mejor educación y conocimientos. La inclusión de información adicional virtual sobre el entorno físico ayuda a generar conciencia y ampliar el conocimiento colectivo y compartido. Un ejemplo es Gib Recycle Game, un juego de reciclaje con el fin de mejorar la conciencia sobre el medio ambiente creado para el Gobierno de Gibraltar.

4) Interacción social. En el caso de aplicaciones en entornos en exterior, implica la necesidad de salir, encontrándose con otras personas en la misma localización, lo que conlleva una cierta interacción y una relación de compartición de objetivos con otros. En estudios acerca del uso de estas plataformas se ha comprobado que personas con trastornos de la comunicación y personas con trastorno del espectro autista han conseguido interactuar en torno a este tipo de aplicativos, que conllevan una necesidad de orden y,

al mismo tiempo, una compartición de interés por un objetivo.

5) Formar parte de una comunidad. Los jugadores de este tipo de aplicaciones pueden unirse a equipos y compartir comentarios e información, creando así una comunidad en torno a la aplicación.

6) Actividades de ocio. Este tipo de aplicativos puede incorporar información y conocimiento en un formato gamificado. Al ser simple, fácil de usar y sin reglas excesivas, se incrementa la sensación de ocio.

7) Sensación de control. Estas aplicaciones gamificadas permiten decidir si se paga por jugar o se juega sin pagar, regulando y manteniendo el control del desarrollo de la actividad, estableciendo los propios objetivos al ritmo deseado, lo que aumenta la sensación de poder sobre la situación.

8) Sentirse realizado. A medida que se avanza en el juego se asciende de nivel. Este crecimiento provoca una sensación de autorrealización en el jugador.

9) La supervivencia del individuo. El juego se desarrolla en un entorno conocido por el jugador. La realidad aumentada dota de vida y cercanía cada decorado y lo identifica con la persona. Vencer en su terreno genera la sensación de supervivencia y victoria. Según Russel Belk, profesor de marketing de la Universidad de York, "con la realidad aumentada, lograron inventar un modo de transmitir la emoción de la caza".

10) Hacer algo que apasiona. Este tipo de aplicaciones permite llevar a cabo actividades que atraen al jugador, ya sea la caza, coleccionar o simplemente jugar.

11) Altruismo. Compartir la experiencia e incluso comunicar al mundo sobre una situación concreta aprovechando una plataforma que crea sensación de comunidad permite la transmisión de valores y de situaciones que requieren de voz. Un ejemplo es el uso de Pokémon Go por parte de niños sirios que utilizaron fotos con los personajes para atraer la atención del mundo.

12) Los logros, el éxito. Completar una tarea o una colección implica la consecución del éxito. Un ejemplo es el caso de Nick Johnson, un joven estadounidense que anduvo una media de 10 kilómetros al día, durmió poco y perdió 5 kilos y 17 días para ser el primero en completar Pokémon Go.

13) La novedad. La experiencia de mezclar el entorno real con el virtual gracias a la realidad aumentada es uno de los aspectos más llamativos por los usuarios.

14) Nuevos modelos de negocio, nuevas formas de entender el mercado. Pokémon GO es un juego gratuito, aunque incluye pagos in-app para conseguir mejoras para el jugador. En 2018, exclusivamente de usuarios de iOS en EEUU se recaudó alrededor de 1,6 millones de dólares al día, con un total de 7,5 millones de descargas.

15) Movimiento de masas y atracción turística. Las aplicaciones con RA permiten crear rutas de paso en las que buscar información virtual. Un ejemplo son los Safaris Pokémon promovidos por entidades turísticas y ayuntamientos con el fin de incentivar las visitas. En EE. UU. se creó una aplicación de transporte privado, parecido a Uber, que paseaba a los clientes por las zonas en donde había más Pokémon. Incluso muchos locales ofrecen descuentos u ofertas a los clientes que muestren que son jugadores de la aplicación o incluso alquilan cargadores de móvil para evitar el fin de la batería en plena cacería.

Otro de los aspectos que el gaming permite trabajar es la concepción de esquemas y la modificación de estos. Los sesgos inconscientes afectan a como un sujeto interpreta la realidad y le permite relacionarse con el entorno. El gaming tiene un importante componente emocional que impacta en la valoración inconsciente.

A inicios del S.XX, un grupo de investigadores del Instituto Tecnológico de Massachusetts (MIT) midió la actividad eléctrica del cerebro de un estudiante universitario de 19 años durante una semana y a lo largo del día. La actividad cerebral del joven resultó ser prácticamente la misma cuando veía la televisión que cuando asistía a una clase magistral. La conclusión a este estudio apuntaba a que el modelo pedagógico en el que se entiende al alumno como un receptor pasivo de la información no funciona, sino que el cerebro necesita emocionarse para aprender.

El año 2015, la startup xBadges llevó a cabo una investigación para medir la capacidad de mejora de los jugadores en un buen número de habilidades cognitivas, funcionales y emocionales como la memoria visual, el razonamiento lógico, la creatividad o el pensamiento crítico gracias al juego electrónico. Esta hipótesis fue probada en otros estudios científicos (Barr; 2017 y otros), demostrando que jugar a videojuegos comerciales puede tener un efecto positivo en habilidades de comunicación, adaptabilidad e iniciativa.

El aspecto clave en el impacto en la percepción se debe a que los videojuegos permiten experimentar una situación concreta desde una perspectiva diferente.

3.14.6 Las redes sociales

Las redes sociales facilitan una forma virtual de interacción. Las interacciones a través de las redes sociales hacen que los visitantes se sientan conectados sin las dificultades y complejidades involucradas en las interacciones cara a cara. Sin embargo, las interacciones cara a cara implican una mayor componente empática y requieren una mayor participación emocional, esfuerzo cognitivo y activación cerebral.

Aunque no es concluyente, diversos estudios sobre el nivel de narcisismo en EEUU, a través de puntuaciones basadas en el Inventario de Personalidad Narcisista, muestran que no ha habido un aumento significativo desde 1982 hasta el 2002, fecha en la que nacen las redes sociales. A partir de 2002 se registra un notable aumento de este nivel en grupos de adultos jóvenes, coincidiendo con ser el grupo más representativo de uso de las redes sociales.

Otro aspecto de impacto de las redes en la pisque se centra en el autocontrol. Una encuesta elaborada en línea con 541 usuarios de Facebook en los EE. UU. (Stephen y Wilcox) mostró que, para aquellos con fuertes lazos sociales, el uso de Facebook "es un predictor significativo de una gama de comportamientos que son consistentes con un pobre autocontrol".

Un estudio de la Universidad de Pensilvania (2015) examinó cómo el uso de las redes sociales causa miedo a perderse (FOMO; *fear of missing out*). Usar menos redes sociales de lo que se hace normalmente llevaría a una disminución significativa tanto en la depresión como en la soledad. Estos efectos son particularmente pronunciados para las personas que estaban más deprimidas cuando entraron en el estudio. (Melissa Hunt)

Por otro lado, según un estudio de la Universidad de Harvard, cuando se recibe una notificación en las redes sociales, el cerebro envía dopamina a lo largo de una ruta de recompensa, haciendo sentir bien al sujeto (Trevor Haynes). Por su parte, un estudio de la Universidad Carnegie Mellon mostró que cuando las personas tienen una interacción individual en las redes sociales (por ejemplo, al recibir un mensaje, un comentario instantáneo o un "me gusta"), se sienten más unidas. Así mismo, un estudio acerca del impacto de las redes sociales en los niveles de oxitocina (Paul Zak y Rob Kurzban) concluye que, en 10 minutos de tiempo en las redes sociales, los niveles de oxitocina pueden aumentar hasta un 13%.

Un estudio mostró que Facebook aumenta la confianza entre los usuarios porque la información detallada proporcionada por los contactos reduce la incertidumbre sobre sus intenciones y comportamientos (Valenzuela, Park y Kee).

Otros beneficios asociados a las redes sociales son:

- Sentido de pertenencia.
- Facilita la búsqueda de modelos a seguir y la conexión con personas que comparten intereses o inquietudes, lo que mejora las relaciones sociales.
- Difunde la felicidad a los demás.
- Afecta positivamente la manera de gestionar los hábitos de salud.
- Crea la sensación de cercanía de las parejas.
- Disminuye el aislamiento.

Finalmente, las redes sociales y las aplicaciones en línea son una poderosa herramienta de comunicación y movilización social.

Las formas clásicas de lucha sociopolítica contra los regímenes autocráticos se caracterizaron por una capacidad limitada de movilización (El Hamdouni, 2013). Internet ha cambiado esta capacidad, ampliando el horizonte.

En la primavera de 2011 estallaron una serie de revueltas en varios países árabes y provocaron la caída de regímenes que llevaban décadas en el poder. Las primeras movilizaciones se produjeron en Túnez.

El aislamiento tradicional al que estaban sometidos los países árabes se acabó cuando la globalización tecnológica dejó inservibles las fronteras geográficas oficiales (Lago & Marotias, 2006). Entonces las relaciones virtuales empezaron a ser algo habitual, al poder contactar con cualquier lugar del mundo sin necesidad de realizar un desplazamiento físico (Esteinou, 2003). El imparable avance de Internet y de las redes sociales revolucionó los sistemas de comunicación y generó un intercambio continuo y masivo de información con el exterior (Roces, 2011).

En este nuevo escenario, la sociedad árabe, especialmente los jóvenes, tenían a su alcance, por primera vez, unos medios que permitían sortear la censura y los controles del régimen (George-Cosh, 2010), pudiendo organizarse y compartiendo sus opiniones con foráneos, disponiendo de mecanismos para denunciar los abusos del Gobierno a través de plataformas con proyección mundial y, además, recibiendo apoyos de todo tipo del extranjero, desde asesoramiento sobre cuestiones estratégicas y logísticas para garantizar el éxito de las protestas hasta movimientos de solidaridad que hacían más visibles los conflictos.

En 2019, los ciudadanos de Hong Kong se enfrentaron al gobierno chino como rechazo al proyecto de ley que permitiría extraditar ciudadanos hongkoneses a China, así como una disminución en ciertas libertades del país, hemos visto una escalada en la violencia donde se han incluido amenazas claras hacia los manifestantes. Esta batalla se llevó a cabo usando la tecnología como herramienta ciudadana.

El Gobierno Chino contaba con un avanzado sistema de vigilancia masiva, incluyendo cámaras con inteligencia artificial, reconocimiento facial y corporal y un sistema de puntaje ciudadano y de control conocido como "Crédito Social".

Ante esto, los manifestantes utilizaron láseres contra la policía para evadir los sistemas de reconocimiento facial y el uso de mensajes cifrados vía Telegram y Twitch, inicialmente, y con Tinder después, donde crearon perfiles que mostraban detalles del origen de las manifestaciones, lo que está pasando en el país según ellos y pidiendo apoyo.

A estas aplicaciones, se suman otras herramientas, como Airdrop, para la transferencia de archivos, o el uso de 'Pokémon Go', creando eventos masivos de 'Pokémon' cuyo objetivo es que evolucionen hasta convertirse en protestas mutitudinarias. Además de todas estas plataformas y aplicaciones, los manifestantes usaron LIHKG, el Reddit de Hong Kong, donde se organizaban y daban a conocer los días y horas para las siguientes protestas.

La memética es especialmente utilizada en internet para la difusión de contenido viral que impacta en los usuarios condicionando su opinión e incluso influyendo en su comportamiento.

Dentro del ámbito de los medios sociales se puede definir el meme como un contenido memorable que se extiende de forma viral a través de los canales que ofrece Internet. El meme trae consigo representaciones de algo que puede o no ser cierto, sin embargo, no se suele presentar resistencia crítica ante ello.

Una de las características más poderosas del meme en internet es su efectividad de replicado, gracias al uso de un lenguaje sencillo que es de fácil consumo en el mundo acelerado de internet, específicamente de las redes sociales.

Un claro ejemplo de su potencial se comprobó en la campaña electoral por la presidencia de los EEUU, que enfrentó a Hillary Clinton contra Donald Trump, en la que las noticias falsas de las elecciones de mayor rendimiento en Facebook generaron más compromiso que las principales noticias de los principales medios de comunicación como The New York Times , Washington Post , Huffington Post , NBC News y otros (BuzzFeed News).

3.14.7 Asistentes de voz y chatbots

Un asistente virtual es un agente de software que ayuda a usuarios de sistemas computacionales, automatizando y realizando tareas. La interfaz de usuario de voz, o VUI (voice-user interface), utiliza tecnología de reconocimiento de voz para permitir a los usuarios interactuar con máquinas sólo a través de su voz.

Las VUIs permiten que haya interacciones eficientes más humanas que otras interfaces de usuario. Su objetivo es proporcionar a los usuarios una experiencia totalmente inmersiva basada en la comunicación por voz.

Uno de los aspectos más llamativos e imprevistos de la implementación de las VUIs es la capacidad de estos sistemas para combatir la soledad humana. Un ejemplo es de Rakan Ghebar, un refugiado sirio de 27 años, que en 2016 comenzó a hablar por chat con Karim, un chatbot basado en inteligencia artificial especializado en psicoterapia, para combatir un trastorno de ansiedad debido a la guerra civil de Beirut donde habían muerto varios miembros de su familia. Karim le dio consejos sobre cómo centrarse en el presente y cómo gestionar esos problemas emocionales.

Otro aspecto importante es el aprendizaje que acompaña la madurez del niño en adulto rodeado de asistente de voz. Los niños extrapolan el aprendizaje que tienen de cómo dirigirse a las personas, de cómo pedir las cosas, a los asistentes (Alicia Rábago, 2018). El niño aprende a dar órdenes de voz al asistente y el adulto asimila esta capacidad como algo natural, debido a un mal desarrollo de las habilidades sociales.

Además, el niño aprende a depositar en el asistente tareas de programación de horarios, cálculos matemáticos, búsqueda de información y todo tipo de acciones que el asistente realiza gracias a su conexión a internet. Esta ausencia de capacidad de memorización, aprendizaje y de análisis puede llevar al individuo a no desarrollar este tipo de capacidades cognitivas de igual manera.

Por otra parte, la aplicación de asistentes de voz al gaming ha aportado la posibilidad de incorporar nuevos jugadores no habituados a los videojuegos que, a pesar del riesgo que supone dar órdenes a los jugadores, posibilita una mayor proliferación de juegos en línea cooperativos en los que varios jugadores colaboran y conversan durante el juego.

La mayoría de los asistentes virtuales entran en la categoría de dispositivos domésticos inteligentes, posibilitando una forma diferente de entender el entorno, basado en órdenes de voz.

Finalmente, estas aplicaciones son aplicables al entorno empresarial, donde se mejora la administración de horarios, seguimiento de tareas y el intercambio de información a través de un canal sensorial diferente al tradicional.

3.14.8 Automatización de edificios y viviendas (Smart Building y Smart Home)

Los edificios y hogares inteligentes tienen por objeto cubrir las necesidades de seguridad, eficiencia energética y confort.

Según la Pirámide de Maslow, las necesidades que el ser humano requiere cubrir son fisiológicas, que incluyen las necesidades vitales para la supervivencia y son de orden biológico; de seguridad; de afiliación; de reconocimiento; y de autorrealización.

Estos cinco niveles pueden ser correlacionados fácilmente con las tecnologías inteligentes (Smart).

Así, en el primer nivel, el más básico, las necesidades fisiológicas pueden verse apoyadas gracias a los equipos de control que permiten la gestión de electrodomésticos, la temperatura y el nivel de luz, etc. Los sistemas Smart home y Smart Building permiten al sujeto disponer de control sobre su entorno como para asegurar su calidad de vida en un grado lo suficientemente estable como para evitar un disconfort o incluso un riesgo para su salud.

El segundo nivel, de seguridad, queda cubierto por los sistemas de control y vigilancia, tanto de la salud como de la protección del espacio.

El nivel de afiliación se ve recompensado por el confort que supone disfrutar de un entorno controlado que se amolda a las necesidades de sus ocupantes sin que estos si quiera tengan que actuar. Gracias a ello, se consigue atraer y conectar con otras personas al ofrecer un entorno amigable, seguro y cómodo.

El nivel de reconocimiento se consigue gracias a la disposición de elementos de control que mejorar la calidad de uso de los sistemas, reduciendo consumos, algo que es valorado por la comunidad, disponiendo de tecnologías vanguardistas y de información.

El nivel de autorrealización, a priori más complejo de conseguir, es cubierto por la tecnología de comunicación permitiendo al sujeto obtener mayor grado de información, comunicación con otros y, en sí, la visión de poder sobre el entorno.

En el caso concreto de ambientes domésticos, los rituales representan un importante modo de vida de las personas que habitan (ejemplo, prepararse para ir a la cama, lavar la ropa o ver las noticias matutinas) Las soluciones inteligentes permiten automatizar estos rituales de manera personalizada para cada individuo e incluso pueden llegar a introducir nuevas actividades en cada individuo de manera paulatina hasta convertirlas en rituales.

Cada tarea realizada es interpretada de manera consciente o inconsciente, como simbólica y afectiva, por cada individuo. La manera en la que un individuo realiza una tarea está estrechamente relacionada con los sentimientos involucrados en las relaciones interpersonales o con el encuadre que la personas tener de las necesidades personales. El hecho de automatizar tareas por parte de la tecnología desvincula al individuo de la acción y, por tanto, del sentimiento asociado.

La modificación del entorno puede impactar en la percepción del sujeto sobre el estado existente y condicionarle en su acción futura. Si el sistema es capaz de hacer de manera automática, sin contar con el control del usuario, en base a reglas concretas predefinidas, puede, incluso guiar al sujeto en su estado emocional.

A modo de ejemplo, en un estudio realizado en 2012 por el fabricante internacional de iluminación Philips y la Universidad Nebrija, se observó que, modificando la temperatura de color de la iluminación en el aula educativa, se obtiene efectos positivos en el aprendizaje escolar. Para ello se partió del principio de que la luz influye en el estado de ánimo y salud, creándose cuatro escenarios distintos de iluminación (normal, energía, concentración y calma) de forma que, para cada actividad concreta, permitieron aumentar hasta en un 45 por ciento la concentración y en un 35 por ciento la velocidad de lectura de los estudiantes.

En Japón se planteó el uso por parte un grupo de empresas ferroviarias de lámparas azules en los andenes de sus estaciones. En 2003, se registraron 24.500 suicidios en Japón. En 2012, un estudio científico señalaba que la tasa de suicidios se desplomó un 84% gracias a esta modificación de la luz. En 2017, la Universidad de Granada publicó un trabajo en el que se concluía que la luz azul aceleraba los procesos de relajación en comparación con la luz blanca convencional.

Gracias al Internet de las Cosas, todo está conectado a internet sirviendo datos que pueden ser analizados para encontrar correlaciones entre el estado del entorno y el comportamiento humano llevado a cabo, esto permite optimizar y mejorar el entorno de manera que, no es el individuo el que se adapta al entorno sino el entorno el que se adapta al usuario y reajusta su comportamiento para que éste se amolde.

3.14.9 Internet y la mente

En 2011, la revista Science recogió un estudio realizado a universitarios y mostraba que los alumnos que no retenían datos, era porque sabían que podían tener acceso a ellos a través de internet. El estudio, que lleva por título "Google Effects on Memory: Cognitive Consequences of Having Information at Our Fingertips", explica la investigación de Betsy Sparrow, profesora adjunta de la Universidad de Columbia (Nueva York), que señala a Internet como una suerte de memoria colectiva de la que todos dependen cada vez más para recordar información.

Este efecto, que se conoce como el "efecto Google", hace referencia a la alteración en el proceso de aprendizaje y en el desarrollo que se produce cuando una persona tiene a golpe de "click" el acceso a una información que no supone ningún esfuerzo y al que acude de forma constante. El motor de búsqueda Google se ha convertido en una memoria externa de facto.

Por otro lado, un estudio realizado en 2019 por investigadores de cinco universidades de los Estados Unidos, en la cual participaron investigadores de la Universidad de Harvard en Boston, la Universidad de Sydney Occidental de Australia, el King's College London del Reino Unido, la Universidad de Oxford y la Universidad de Manchester, y cuyos resultados fueron publicados en la revista World Psychiatry, indicaba que "el flujo ilimitado de mensajes y notificaciones de internet nos alienta a mantener constantemente una atención dividida, lo que a su vez puede disminuir nuestra capacidad para mantener la concentración en una sola tarea" (Joseph Firth).

En este estudio se pone de manifiesto que el uso de Internet impacta de forma negativa el sistema cognitivo, por lo que advierten acerca de los efectos que podría tener en el desarrollo cerebral de niños y adolescente. Sin embargo, no logró encontrar un vínculo causal entre el uso de Internet y la mala salud mental.

En lo que respecta a las capacidades de comunicación se enmarca el desarrollo de la comunicación entre cerebros. En 1970 la Universidad de Ucla comenzó la investigación en una disciplina conocida ahora como BCI (Brain Computer Interfaz). El objetivo ayudar a gente con discapacidad severa a interactuar con un ordenador y, a través de él, con el mundo. En 2014, la Universidad de Karlsruhe consiguió en acierto del 45% reconociendo palabras completas a partir de las señales de electroencefalografía (EEG). En 2018, científicos de la Universidad de Washington consiguieron transmitir información de un cerebro humano a otro situado en otro lugar de forma telepática.

Este avance permitiría la transmisión de información entre cerebros, de manera selectiva, sin necesidad del uso del habla.

3.14.10 La neurotecnología

La carrera por el estudio de la mente arrancó a finales del siglo XX con el objetivo de mapear el cerebro. La introducción de tecnologías de imagen y métodos para la medición de las características cerebrales, como la electroencefalografía (EEG), la tomografía computarizada (TC), la resonancia magnética (RM) o la tomografía por emisión de positrones (PET), permitieron obtener el conocimiento acerca del funcionamiento y estructura del cerebro con el fin de cartografiarlo.

Gracias a la optogenética, apoyada por el desarrollo de la óptica, la biología molécula y la miniaturización, se pudo incorporar nanomicroscopios en el cerebro.

Uno de los avances tecnológicos que más temor suscitan son los implantes cerebrales que permiten la conexión del cerebro a internet.

En el año 2003, un equipo de investigadores de la Universidad de California-Irvine (UCIrvine) en Estados Unidos, especializados en el estudio de los mecanismos de la memoria, descubrió la forma de implantar falsos recuerdos en las personas usando, simplemente, algunas sugestiones. En el año 2013, un equipo de neurocientíficos del MIT logró, por primera vez, insertar un recuerdo falso en un ratón.

En 2018, un equipo de científicos estadounidenses elaboró un dispositivo capaz de almacenar recuerdos a largo plazo. El dispositivo, que se implanta quirúrgicamente en el cerebro, imita el hipocampo mediante la estimulación eléctrica del cerebro de una manera particular para formar recuerdos. Se trata de una prótesis neural de circuito cerrado basada en 'escribir' códigos 'de información' para la memoria en el hipocampo de sujetos humanos.

Por el contrario, neurocientíficos de la Universidad McGill y sus colaboradores llevaron a cabo el borrado de la memoria usando lo que se ha apodado la droga *Eternal Sunshine* (péptido inhibidor zeta o ZIP)

Gracias a la tecnología, se dispone de implantes cerebrales que permiten el aumento y la estimulación de los recuerdos. Estos implantes se emplean, principalmente, para la estimulación cerebral en enfermedades degenerativas, como el Parkinson, pero pueden usarse para tratar otras enfermedades crónicas como la diabetes.

La interfaz neuronal directa (IND), la interfaz cerebro-computadora (ICC) y la interfaz cerebro-ordenador (ICO), en inglés Brain Computer Interfaces (BCI), constituyen una tecnología que se basa en la adquisición de ondas cerebrales que luego son procesadas e interpretadas por una máquina u ordenador, de forma que una persona pueda controlar determinados dispositivos a partir de su actividad cerebral.

Científicos de los departamentos de ingeniería biomédica y ciencias de la computación de la universidad China consiguieron, en 2019, un hito en la evolución de los sistemas BBI o brain-brain interfaces gracias a la comunicación entre cerebros solo mediante el pensamiento.

Este sistema utiliza un dispositivo de electroencefalograma (EEG) que leía las ondas cerebrales resultantes del pensamiento humano de un movimiento y transfería la información a un ordenador. Ahí se convierten en una serie de instrucciones que se transferían a una rata de forma inalámbrica. Los electrodos implantados en el cerebro del roedor convertían las señales en estímulos de tal manera que la rata respondía a una serie de instrucciones básicas como 'avanza' o 'gira a la derecha'.

Las aplicaciones más habituales a finales del siglo XX eran dirigidas a facilitar la comunicación, el control de sillas de ruedas y prótesis o el control del entorno, pero, a principios del siglo XXI, se inició el desarrollo de aplicaciones orientadas al control del ordenador y la navegación a través de Internet.

Esta tecnología permitiría al ser humano disponer de la capacidad de conectar su cerebro a internet y conectar humano-máquina como una única entidad, aumentando así las capacidades del ser humano y disponiendo de la posibilidad de ampliar su rango de acción, tanto en sensado y adquisición de información del entorno como su acción sobre éste.

3.14.11 La computación cognitiva

El siglo XXI arrancó con un objetivo claro, impulsar la inteligencia artificial como la herramienta clave. El análisis masivo de datos dio paso a una nueva era de la información basada en el poder de estos.

Pero para dar un empujón a una tecnología que data de finales del S.XX, en los años 50, cuando Turing consolidó el campo de la inteligencia artificial con su artículo Computing Machinery and Intelligence, en el que propuso su famosa Prueba de Turing, se requería mejorar los sistemas de procesamiento del lenguaje, la capacidad de cálculo y el mejor acercamiento a los procesos de funcionamiento del cerebro humano.

En 2005, IBM desarrolló Blue Gene, un supercomputador que trataba de emular el procesamiento de la corteza humana. Con su Blue Gene/L del Centro de Investigación T. J. Watson de IBM, se consiguió el equivalente neuronal del cerebro de un ratón. Poco después, en 2011, la versión Dawn Blue Gene/P del Lawrence Livermore National Laboratory (LLNL), con 147 456 CPUs y 144 TB de memoria, permitió simular 1.617 millones de neuronas y 8,87 billones de sinapsis.

Entre estas mejoras, se cuentan los sistemas basados en el reconocimiento de la expresión facial de la emoción, el análisis de los gestos, el análisis de la voz, etc. Estos son algunos de los canales usados por el ser humano para interpretar las intenciones y estados emocionales de las otras personas y, así mismo, provocan en la persona un efecto de imitación a través de las neuronas espejo.

Para que una máquina sea capaz de llevar a cabo estas tareas, es necesario implementar algoritmos de reconocimiento e interpretación de esta información.

Para poder llevar a cabo esta acción, el sistema requiere de un análisis de la información, ya sea a través de visión por computador o de análisis de la señal, para, posteriormente, comparar el resultado con la información almacenada en la base de datos que incorpora el patrón predefinido. Esto significa que se requiere de una biblioteca de datos que incluye todas las combinaciones válidas de expresión facial, gestual, sonido, etc. Esta biblioteca es alimentada por los desarrolladores, que además programan los algoritmos que debe aplicarse para la interpretación de los datos.

Este desarrollo tiene por objeto, no sólo que las máquinas sean capaces de entender a los humanos, sino que los humanos se sientan más identificados con las máquinas, ya sean robots humanoides o entornos virtuales y/o inmersivos, como sucede en el caso de los videojuegos.

Si se tiene en cuenta que los seres humanos contamos con sesgos, prejuicios y diferentes atribuciones del significado a estímulos externos, ya sea debido a la cultura, a las creencias o a los propios sesgos, el resultado final puede ser la globalización en la interpretación de la información relativa a expresión facial, gestual, etc.

Ello puede implicar una reducción considerable en la capacidad de discriminación del ser humano ante estos estímulos, al eliminar componentes de tipo cultural y experiencial y reducirlo a un conocimiento concreto fruto del equipo desarrollador original.

Es importante notar que, en la sociedad humana, el predominio político reside, generalmente, en la persona que posee las mejores habilidades sociales y no el que tiene la musculatura más desarrollada (Yuval Noah Harari, 2011).

Sin embargo, la computación cognitiva, mediante el uso de la inteligencia artificial, ya está siendo utilizada para medir el rendimiento cognitivo e incluso para mejorarlo. Un ejemplo es el desarrollo de la app llevada a cabo por un grupo de investigadores de la Universidad de Nueva Gales del Sur y de la University College London que permite analizar el estado de ánimo y la forma en que este afecta el rendimiento de una persona.

La herramienta ofrece datos acerca de la relación existente entre la regulación del estado de ánimo y la manera en cómo funciona el cerebro. Su diseño se basa en el estudio llevado a cabo por

Susanne Shweizer, doctora de la Facultad de Psicología de la UNSW, en colaboración con investigadores de la UCL, que demostró que el desempeño de la memoria y la atención en diversas tareas influenciadas por estímulos emocionales puede estar vinculado a la capacidad de una persona a resistirse psicológicamente.

3.14.12 La robótica

La robótica es una rama interdisciplinaria entre la ingeniería y la ciencia que ocupa del diseño, construcción, operación, estructura, manufactura, y aplicación de los robots. Los robots pueden ser diseñados en cualquier forma y aspecto y el objetivo es llevar a cabo tareas para ayudar al ser humano.

Se clasifican en robots de 1ª generación, que son sistemas mecánicos multifuncionales que llevan a cabo la manipulación de objetos; 2ª generación, que repiten una secuencia de movimientos que ha sido ejecutada previamente por un operador humano y los memorizan; y 3ª generación, que se basan en un controlador (ordenador) que ejecuta las órdenes de un programa y las envía al manipulador o robot para que realice los movimientos necesarios.

Los robots industriales se utilizan en un entorno de fabricación industrial y suelen ser articulaciones y brazos desarrollados específicamente para aplicaciones industriales.

Los robots de servicio son robots que están al servicio doméstico, personal o asistencial de las personas. Simplificando el concepto, cabe diferenciar aquellos que sustituyen electrodomésticos u objetos de uso cotidiano automatizando sus tareas y aquellos que sustituyen a personas en tareas concretas y las realizan de manera autónoma.

Estos últimos son robots que tratan de imitar al ser humano en múltiples aspectos, desde la estructura y aspecto hasta la expresión, el habla y el comportamiento.

Con el objetivo de la aceptación del ser humano por compartir su actividad diaria con robots, se ha intentado dotarlos de una apariencia lo más humana posible. Se ha trabajado mucho en los materiales inteligentes para el contacto directo de piel contra piel y para la integración en la piel humana, lo que incluye conexiones eléctricas y componentes electrónicos (Kim et al. 2011). Igualmente se ha trabajo en la expresión emocional, creando robots capaces de leer e imitar la expresión facial, el movimiento gestual e incluso la prosodia.

El uso de estos robots en la educación, la asistencia e incluso las relaciones humanas permite la inclusión de un nuevo ente en la sociedad capaz de interactuar y colaborar con los humanos como un igual.

3.14.13 La tecnología como religión

La creencia es el estado de la mente cuando se considera que algo es verdadero incluso cuando no se puede confirmar fehacientemente. Pueden formar sistemas de creencias religiosas, filosóficas o ideológicas.

Las religiones son sistemas de creencias que relacionan la humanidad y la espiritualidad. Influyen en la forma de percibir el mundo, en la aceptación o rechazo de valores y proporcionan una red de apoyo y sentido de pertenencia.

Diversas investigaciones han demostrado que las personas religiosas se sienten mejor consigo mismas y tienen una autoestima más alta que los individuos no creyentes.

La participación en las organizaciones religiosas se asocia con una disminución de los síntomas depresivos, mientras que ser parte de un partido político o una organización, como una rama local de un partido, tiene un efecto perjudicial en la salud mental. La pertenencia a clubes deportivos y sociales tiene beneficios a corto plazo, pero no conduce a una disminución de los síntomas depresivos en el largo plazo (London School of Economics (LSE) y el Centro Médico de la Universidad Erasmus en los Países Bajos; 2018).

La gente religiosa es más feliz, pero sólo si vive en países o sociedades pobres que no les proporcionan seguridad, oportunidades laborales o una buena educación (Universidad de Illinois; 2011).

La actividad religiosa, como ir a una iglesia, mezquita o sinagoga con regularidad, es la única medida fiable del bienestar mental sostenida entre los factores estudiados. La iglesia parece desempeñar un papel social muy importante para mantener a raya la depresión y también como un mecanismo de supervivencia durante los períodos de la enfermecaden la edad adulta (Mauricio Avendaño; American Journal of Epidemiology, 2018).

La religiosidad puede fomentar la satisfacción vital, al propiciar el establecimiento de relaciones sociales íntimas y cercanas.

Las religiones teístas se centran en el culto de los dioses. Las religiones humanistas adoran a la humanidad. Los humanistas creen que el humano es la cosa más importante del mundo y determina el significado de todo lo que ocurre en el universo.

La religión evoluciona, porque ha de servir a mundos en evolución, en constante cambio, en un proceso de renovación, rejuvenecimiento y en un proceso de adaptación. La tecnología ha logrado encontrar un espacio en la religión y transformarse en una fuente de creencias.

En 2017, nació BlessU-2 es el primer sacerdote robótico del mundo, capaz de hablar en cinco idiomas (alemán, inglés, francés, español y polaco).

Más allá de las corrientes religiosas de finales del siglo XX, Anthony Levandowski, un ex Ingeniero de Google, fundó en 2018 Way of the Future, la primera iglesia centrada en alabar el futuro de los robots y la inteligencia artificial como futura especie dominante del planeta.

Otras corrientes apuntan a la deidad basada en el conocimiento y la información obtenida por los datos (datismos). La tecnología como fuente de conocimiento y de respuestas ejerce como religión de conocimiento, como otras religiones han hecho en la historia de la humanidad. Los seguidores de este tipo de religiones consideran la tecnología como la cosa más importante del mundo, determinando el significado de todo lo que ocurre en el universo.

3.15 Resumen de impacto de las tecnologías en la cognición

A continuación, se recogen las acciones más generales y su impacto en la cognición y la psique con el objetivo de resumir los aspectos más generales de relación directa, teniendo en cuenta que muchos de los impactos actúan de manera transversal con otros aspectos:

Tecnología	Acción	Posible impacto	Áreas directas de impacto
Smart Cities	Sensado de datos del entorno	Adaptación del sujeto al entorno	Percepción Esquemas Aprendizaje Motivación Conducta Emoción Pensamiento social Memética
	Actuación automática de sistemas controlados	Adaptación del entorno al sujeto	
	Interrelación global	Mayor creatividad, innovación, conocimiento, productividad Pensamiento cooperativo	
	Interrelación social	Reducción del estrés Pensamiento colaborativo	
	Plataformas de intercambio opinión	Pensamiento colectivo Influencia en la toma de decisión Compartir experiencias	
Tecnologías de accesibilidad	Complemento físico	Mejoras cognitivas. Acceso a información por canales sensoriales no explotados	Percepción Esquemas Motivación Conducta
	Mejora accesos	Adaptación del sujeto al entorno	
	Complemento sensorial	Acceso a información por canales sensoriales infrautilizados Mejora de la experiencia (nuevas atribuciones perceptuales)	
Blockchain	Distribución datos de manera segura	Confianza en el intercambio de información. Menor resistencia a la duda y crítica	Percepción Esquemas Motivación Conducta
	Difusión información segura	Aumento del conocimiento, aprendizaje.	
Realidad virtual	Modificación del entorno	Adaptación del entorno al sujeto	Percepción Memoria declarativa Memoria emocional Esquemas Aprendizaje Emoción Pensamiento
	Incorporación de información adicional	Aumento del conocimiento, memoria, aprendizaje Mejoras cognitivas	
	Emulación de realidades virtuales	Intervención en esquemas de segundo orden Impacto en la percepción	
	Información sensorial virtual	Mejoras cognitivas. Acceso a información por canales sensoriales no explotados Mejora de la experiencia (nuevas atribuciones perceptuales)	

Tecnología	Acción	Posible impacto	Áreas directas de impacto
Realidad aumentada	Modificación del entorno	Adaptación del entorno al sujeto	Percepción Memoria declarativa Memoria emocional Esquemas Aprendizaje Motivación Emoción Pensamiento
	Incorporación de información adicional	Aumento del conocimiento, memoria, aprendizaje Mejoras cognitivas	
	Información virtual añadida al mundo real	Intervención en esquemas de segundo orden Impacto en la percepción Mejora de la experiencia (nuevas atribuciones perceptuales)	
Gaming	Juego con objetivos	Procesos de gratificación / estrés	Esquemas Motivación Emoción
	Retos	Mejoras cognitivas	
Gamificación	Juego como medio de inclusión de conocimientos	Aumento del conocimiento, memoria, aprendizaje	Percepción Memoria Esquemas Aprendizaje Motivación Emoción Pensamiento Memética
	Creación de entornos compartidos	Pensamiento colectivo. Interacción social. Altruismo	
	Definición de objetivos	Procesos de gratificación / estrés. Autorrealización	
	Retos	Mejoras cognitivas	
Redes sociales	Chismorreo	Confianza en el grupo/persona	Esquemas Motivación Emoción Pensamiento Memética
	Noticiado y efecto LIKE	Mejor relación colectiva. Autorrealización	
	Contenidos compartidos en grupo	Confianza en el intercambio de información. Menor resistencia a la duda y crítica	
	Creación de comunidad	Aumento de lazos sociales. Reducción aislamiento, ansiedad, depresión.	
	Contenidos globales	Participación social.	
	Memes	Toma de decisión Impacto en la percepción y en la toma de opinión Relación social	

Tecnología	Acción	Posible impacto	Áreas directas de impacto
Asistentes de voz	Interacción orden-respuesta	Nuevos modelos de empatía basada en mando autoritario	Percepción Esquemas Aprendizaje Motivación
	Juegos basados en asistentes de voz	Aumento de la cooperación con otros	
	Gestión de tares	No necesidad de carga cognitiva para gestión	
	Interacción humano virtual	Reducción aislamiento, ansiedad, depresión	
Edificios inteligentes	Sensado de datos del entorno	Adaptación del sujeto al entorno	Percepción Esquemas Motivación Conducta Emoción Memética
	Actuación automática de sistemas controlados	Adaptación del entorno al sujeto	
	Confort compartido	Mayor afiliación	
	Mayor calidad de servicios respecto al resto	Autorrealización, reconocimiento	
	Adaptación entornos a necesidades a medida del usuario	Mejoras cognitivas	
Internet	Capacidad de almacenamiento de información	Desplazamiento memoria transactiva	Percepción Memoria Esquemas Aprendizaje Motivación Conducta Emoción Pensamiento Memética
	Acceso a información global	Riesgo de desinformación Alteración de pensamiento crítico y esquemas de segundo orden	
	Transmisión "telepática" de mensajes	Modificación de las necesidades de comunicación Alteración de las capacidades lingüísticas	
Neurotecnología	Conexión cerebro a la red	Aumento del conocimiento, memoria, aprendizaje. Mejoras cognitivas	Percepción Memoria Esquemas Aprendizaje Motivación Conducta Emoción Pensamiento
	Control mental de equipos	Adaptación del entorno al sujeto. Mejoras físicas (impacto percepción del entorno)	

Tecnología	Acción	Posible impacto	Áreas directas de impacto
Computación cognitiva	Aplicaciones basadas en inteligencia artificial	Mayor conocimiento de la mente. Impacto en esquemas de segundo orden	Percepción Memoria Esquemas Aprendizaje Motivación Conducta Emoción Pensamiento Memética
	Reconocimiento emociones a nivel global	Globalización de las variables implicadas en el proceso de empatía emocional Alteración de las habilidades sociales	
	Conocimiento de emociones humanas y lectura inmediata	Adaptación del entorno al sujeto	
Robótica	Conocimiento de emociones humanas, lectura inmediata e interacción	Alteración de las habilidades sociales	Percepción Esquemas Motivación Conducta Emoción Memética
	Ejecución de tareas a demanda	Aumento de la sensación de poder. Impacto en la dinámica de cooperación.	
	Interacción orden-respuesta	Nuevos modelos de empatía basada en mando autoritario	

4. Concepción evolutiva

Lamarck, considerado el padre de la teoría de la evolución, afirma que la especificidad de los seres vivos radica en la organización de la materia de que se componen. Su enfoque se basa en la idea de que los seres vivos sufren un proceso de adaptación bajo la influencia de su entorno.

Lamarck describe en su cuarta ley de la evolución que "todo lo adquirido, marcado o cambiado en la organización de los individuos durante su vida se conserva en la misma generación y se transmite a los nuevos individuos que descienden de quienes han experimentado los cambios".

La teoría de la evolución se basa en un conjunto de conocimientos y evidencias científicas que explican la evolución biológica, es decir, cómo los seres vivos, a partir de un origen, van cambiando paulatinamente debido a la presión selectiva.

Por su parte, la teoría de la evolución por selección natural de Darwin afirma que los organismos mejor adaptados a su ambiente tienden a sobrevivir y a transmitir sus características genéticas a las generaciones siguientes. Este es el precepto principal de la psicología evolutiva, que se concentra en los orígenes de los patrones de conducta y los procesos mentales, el valor que tiene o tuvieron para la adaptación y las funciones que cumplen o cumplieron en nuestro surgimiento (Buss, 2005).

Mientras que para Lamarck se lleva a cabo una evolución progresiva debido a la necesidad de adaptarse al entorno, para Darwin, la evolución se debe a mutaciones espontaneas y, fruto de la selección natural, adaptaciones al entorno. Ambas teorías científicas contradicen la visión religiosa de un mundo inmutable surgido por la intervención de un ser divino.

Con la aparición de las leyes de Mendel, se contradecía la teoría de Lamarck, demostrando que la descendencia de un ser vivo tiene muchas probabilidades de que posea genes idénticos, comunes, a los de su progenitor, gracias a la constatación de que los caracteres transmitidos son claros y están inscritos en los genes.

Sin embargo, la microbiología y la biología molecular han demostrado que el ADN no es el único responsable de la herencia, existiendo numerosas formas de herencia no genéticas, siguiendo el mecanismo de la epigenética. Es posible establecer un vínculo entre los estímulos medioambientales y las modificaciones de la expresión de determinados genes del sistema nervioso de los individuos adultos.

La adaptación de cualquier organismo al medio que le rodea es esencial para su supervivencia. El proceso de evolución es un cambio gradual en la estructura y fisiología de las especies de plantas y especies animales como resultado de la selección natural.

El mecanismo del cambio evolutivo reside en los genes, que son las unidades básicas hereditarias y determinan el desarrollo del cuerpo y de la conducta del organismo durante el transcurso de su vida.

Una mutación es la variación de la información contenida en los genes. La expresión de determinados genes también puede variar. Estos cambios genéticos pueden mejorar la capacidad de los organismos para sobrevivir y reproducirse, lo que se denomina adaptación.

Hay muchos factores que pueden favorecer nuevas adaptaciones, pero los cambios del entorno suelen desempeñar un papel importante. El medio ambiente puede influir en las probabilidades individuales de supervivencia. Entre los seres vivos y el medio ambiente existe una relación recíproca.

4.1 La genética

La genética estudia cómo se transmiten los rasgos de una generación a la siguiente a través de los genes, o unidades básicas de información, formando cromosomas y, éstos, ADN.

La conducta humana se debe a la evolución, lo que implica entender las variaciones acaecidas fruto de la filogenia.

También es importante tener en cuenta los factores epigenéticos, que pueden ejercer un efecto sobre el sistema neuroendocrino más o menos reversible. Los efectos reversibles suelen darse cuando estos factores actúan en períodos críticos del desarrollo y suelen darse con relación a modificaciones en la estimulación del medio externo o interno que implica cambios en el funcionamiento del sistema neuroendocrino para permitir al organismo adaptarse a la demanda del medio.

La genética conductual es el estudio de las influencias genéticas en las cualidades conductuales, incluyendo la personalidad.

4.2 La epigenética

La epigenética es el estudio de modificaciones en la expresión de genes que no obedecen a una alteración de la secuencia del ADN y que son heredables.

La secuencia de ADN contiene las instrucciones para producir las proteínas y otros elementos funcionales, y los mecanismos epigenéticos regulan cómo y en qué grado tienen que expresarse.

4.3 La sociología

La sociología es la ciencia que estudia el comportamiento social de las personas, de los grupos y de la organización de las sociedades. Estudia los fenómenos colectivos producidos por la actividad social de los seres humanos, dentro del contexto histórico-cultural en el que se encuentran inmersos.

El estudio de las culturas es de especial relevancia. Toda cultura tiene sus creencias, normas y valores, pero estos se hallan en un flujo constate. La cultura puede transformarse como respuesta a los cambios en su ambiente o a través de la interacción con otras culturas.

El pensamiento grupal surge cuando las personas están tan involucradas en un grupo cohesivo, donde la búsqueda de consenso o de unanimidad supera y deja en segundo plan, la valoración realista de las líneas de acción alternativas, donde las personas afectadas por el pensamiento grupal deciden a partir del grupo que es lo que piensan (definición adaptada de Janis Irving, psicólogo en la universidad de Yale y Berkeley, 1918-1990).

4.4 La sociobiología

La sociobiología estudia las bases biológicas del comportamiento social, considerando que la mayoría de las formas de interacción social son productos de la evolución. Propone una coevolución guiada por la genética, siendo el comportamiento social de los humanos determinado por los genes. Incluso propone que ciertas variaciones genéticas son responsables de algunos rasgos del carácter.

La sociobiología y la psicología evolutiva plantean que antiguos procesos evolutivos de la especie humana influyen en gran medida en el comportamiento humano actual.

La genética de poblaciones, la sociobiología y la lingüística comparten la idea de la coevolución de los genes culturales que, a su vez, han tenido un impacto en la evolución de los genes. Gracias a la capacidad de adaptación de los humanos, desatada por la innovación cultural, y a la plasticidad del cerebro, considerada una dotación genética, se ha podido transmitir la información esencial mediante la cultura, y ésta, al mismo tiempo, ha influido en las características genética del grupo (Luigi Luca Cavalli Sforza, Nicholas Evans).

El rápido cambio climático favoreció a los homínidos que se supieron adaptar con rapidez a las nuevas condiciones gracias a unas capacidades cognitivas adecuadas. El homo erectus, inteligente y nómada, era capaz de transformar su modo de vida si era necesario y de escapar de situaciones poco favorables, como el entorno provocado por el cambio climático.

Un bucle de retroalimentación entre el comportamiento social y la genética haría que la capacidad para copiar con precisión el comportamiento favoreciese la aparición de nuevas facultades cognitivas cada vez más complejas y provocase el crecimiento del cerebro.

Una de las teorías más importante sobre el crecimiento del cerebro humano (Steven Pinker, 2010), de los 800 mililitros del homo erectus a los 1600 mililitros de los neandertales, sugiere que se debió al desarrollo de tres grupos de capacidades:

1. La invención y uso de herramientas especializadas, aspecto que requiere un flexible control de las manos y una coordinación temporal y espacial entre ojo y mano.

2. Cooperación de confianza con sus congéneres más próximos y con los no emparentados orientado a la crianza de niños, la caza, la repartición de botines, la lucha o el comercio con otros grupos, lo que implica una capacidad de justicia muy desarrollada, la comprensión mutua y la capacidad de ponerse en el lugar de los otros.
3. Un lenguaje y una gramática elaboradas, lo que permite la cooperación sistemática y la transmisión adecuada de la habilidad de fabricar herramientas complejas y armas.

Para este desarrollo se requirió una mutación que capacitase a los individuos para controlar con mayor precisión sus manos y dedos, así como una mayor longevidad para transmitir el lenguaje y las habilidades al tiempo de una infancia más extensa para aprenderlo.

A medida que la caza y la recolección dieron paso a la agricultura y a la cocción de alimentos, cambió la anatomía humana. Debido al consumo de alimentos cocinados, más blandos, el esfuerzo de masticación se redujo y derivó en una reducción de los dientes y una contracción de la mandíbula.

El homo sapiens se extendió por todos los continentes, pero en un número reducido de individuos y, sólo cuando convivieron en aldeas y ciudades, durante la revolución neolítica, surgieron las ventajas derivadas de las capacidades mentales, el aprendizaje por imitación, la división del trabajo y la excepcional estructura social.

4.5 La evolución de la especie según la antropología

El origen de nuestra especie se remonta a hace alrededor de 6 millones de años, momento en el que se inicia la línea evolutiva humana.

Los estudios de antropología apuntan a que el 99 % de la historia humana sucedió en la sabana, donde se formaron grupos de cazadores y recolectores y se produjeron importantes avances, tales como la locomoción bípeda o el desarrollo del cerebro de gran tamaño.

El origen parte de nuestros antepasados simios que habitaban la sabana central. Sus condiciones de vida no eran nada cómodas y vivían bajo el sol abrasador y la escasez de plantas nutritivas.

Esto parece que produjo la pérdida de pelo corporal, con el objetivo de mantener el cuerpo fresco, y se pasó de consumir vegetales duros a consumir carne de los herbívoros, implicando una reducción de los molares y disminuyendo la superficie de masticación. Esta nueva dieta provocó la evolución del sistema inmunitario ante nuevos patógenos.

Con el objetivo de adaptarse a las relaciones y jerarquías de grupo y ser capaces de "leer la mente" de los otros para evitar problemas, estos humanos primitivos evolucionaron en su conducta.

Hace 7 millones de años, nuestros antepasados eran criaturas simiescas similares en sus capacidades cognitivas a los actuales chimpancés.

En muy poco tiempo, evolucionaron hasta convertirse en homosapiens.

La vida media de una especie mamífera se estima entre 3 y 4 millones de años. Esto significa que, para que nuestro linaje obtuviera la tasa de especialización alcanzada, la evolución tuvo que haberse acelerado de manera notable.

Existen diversas teorías al respecto, pero la principal teoría se centra en que la selección natural favoreció a aquellos humanos que presentaban mayor capacidad para la innovación y para compartir conocimientos. Sin embargo, por sí sólo, se considera este proceso insuficiente para un cambio tan radical en tan escaso espacio de tiempo.

Partiendo del conocimiento del clima de los últimos dos millones de años, se considera que diversas fluctuaciones climáticas muy acusadas influyeron en este desarrollo de la cultura material, es decir, del uso de herramientas líticas, ropa, fuego, refugio y otros elementos.

Es probable que el conocimiento acerca de la construcción de refugios, la fabricación de herramientas, así como otras técnicas, permitiera a los primeros homínidos la adaptación a los nuevos ambientes.

Los homínidos eran cazadores y recolectores que dependían de la naturaleza y ocupaban zonas muy escasas y dispersas. En épocas de bonanzas, los grupos de homínidos crecían y se expandían ocupando regiones marginales.

Cuando las condiciones climáticas cambiaban y se tornaban adversas, la cultura adquirida ya no bastaba para garantizar la supervivencia, lo que provocaba una disgregación de las poblaciones, diezmándolas y fragmentándolas en numerosos grupos con una cultura concreta.

En estos grupos más pequeños, los cambios genéticos y la innovación cultural podían arraigar más rápidamente que en las grandes comunidades.

Cuando las condiciones ambientales mejoraban, esas poblaciones modificadas se expandían de nuevo, entrando en contacto entre ellas y, en la mayoría de los casos, compitiendo por el espacio y provocando la eliminación selectiva, incorporando las novedades genéticas y mejoras culturales en la mezcla de la nueva población.

Ese proceso se produjo numerosas veces en poco tiempo durante la Edad de Hielo, lo que provocó una evolución exponencialmente rápida. El resultante fue nuestra actual especie, con sus avances cognitivos, innovación tecnológica y cambios climáticos, lo que probablemente se sustenta gracias a la adquisición de un modo único de pensamiento simbólico que nos permite planificar y organizar hechos del futuro, a la vez que nos permite la lectura de pensamiento y la empatía con los demás.

Así, los rasgos que contribuyen en la transformación de las capacidades en habilidades mentales y que diferencian a humanos de animales (Thomas Suddendorf) son:

1. Fijación de situaciones complejas, lo que permite a los sujetos imaginar posibles sucesos con distintos desenlaces e integrarlos en una narrativa más amplia de acontecimientos conexos.
2. Impulso de relacionarse con otros e intercambiar ideas y pensamientos, lo que lleva a logros de grupo mayores que los que puede lograr el individuo sólo.

Estos rasgos se potencian mutuamente y han modificado la mente humana propiciando la aparición del lenguaje, el viaje mental en el tiempo, la moralidad, la cultura, la capacidad de discernir pensamientos de otros y la facultad de elaborar y compartir explicaciones abstractas del mundo que nos rodea.

Uno de los elementos esenciales que se han incorporado en la especie humana es el procesamiento de las emociones.

Las emociones, bajo la perspectiva evolucionista producto de la selección natural, funcionan como sistemas de procesamiento de información rápidos, diseñados para adaptarnos al entorno y a los acontecimientos y nos permiten actuar de forma inmediata, sin pensar.

Las emociones ponen en marcha la percepción, la atención, la inferencia, el aprendizaje, la memoria, la selección de metas, las prioridades de motivación, las reacciones fisiológicas, el comportamiento motriz y la toma de decisiones.

El objetivo de las emociones es centrarse de la manera más eficiente posible en el acontecimiento que requiere nuestra atención, sin que interfieran otros sistemas incompatibles con la reacción necesaria.

Las emociones estimulan dos tipos de procesos cognitivos: el sistema perceptual, que maximiza la atención hacia el elemento incitador y la aparta de cualquier distracción, y procesos mentales de orden superior, conectando las memorias con información almacenada y codificada gracias a experiencias emocionales similares del pasado.

4.6 El impacto de la revolución neolítica en estilo de comportamiento

Si bien la era del paleolítico representó una importante revolución cognitiva debido al desarrollo de tecnologías orientadas a la caza, tales como las lanzas, las lascas y demás, una era marca un importante cambio en la concepción social para la especie humana.

Los registros históricos indican que, durante la revolución del neolítico, la población prácticamente se duplicó. Los grupos humanos se asentaron en un territorio y sustituyeron su vida nómada por una vida sedentaria, agrupando a muchas familias en un mismo lugar. Este hecho no se dio de manera generalizada, puesto que siguió habiendo nómadas, pero si se en gran medida.

El sedentarismo provocó un cambio en la forma de vida, los hábitos, las costumbres y el modo de trabajar y de organizarse.

El cambio climático en el Holoceno aconsejaba sustituir la caza y la pesca por el cultivo de tierra y la ganadería, actividades que pudieron llevarse a cabo gracias a los hallazgos acerca de la plantación de semillas y su arraigo en tierra y a la cría de especies.

La agricultura propició la incorporación de la ingesta de vegetales, enriqueciendo a la dieta de carne.

La ganadería y la domesticación de animales permitió aumentar las reservas de carne, eso sin sustituir la caza de ciertas especies no domesticables.

También se llevó a cabo la domesticación de caballos, una carne menos sabrosa que otras para la ingesta, que, gracias a la monta y a la capacidad de carga, favoreció al transporte, los viajes y la guerra. El invento de la rueda se sumó a este hecho y se obtuvo una importante mejora gracias a la tracción animal. Esto impactó en la aparición del intercambio entre pueblos cazadores y pueblos agricultores, permitiendo las transacciones entre pueblos sedentarios y nómadas y danco pie al surgimiento del comercio, tanto de miembros de una misma comunidad como de comunidades distintas.

La convivencia potenció también la comunicación y el desarrollo del lenguaje, así como la transmisión de conocimiento de un grupo a otro.

El afincamiento en el hogar lleva a la división del trabajo para garantizar el sustento y la protección del núcleo familiar y se refuerza la unidad familiar y las relaciones de parentesco. Aparece el pensamiento de propiedad y de herencia.

En su inicio, la mujer, debido a la crianza elevada de nuevos miembros que aseguren la perpetuación de la familia, limita su autonomía a tareas del hogar y a su ámbito de acción inmediato, tal como los pequeños cultivos, la artesanía doméstica o los intercambios a corta distancia.

El hombre se ocupa de tareas que exigen más desplazamientos. Por ello, la mujer es el ama de casa o dueña de la casa, controlando su entorno cercano y transmitiendo la herencia, llegando incluso a gestionar la economía del hogar.

En los casos en los que es necesario un jefe fuerte para defenderse de los ataques, es el hermano de la madre el que ejerce este papel. Poco a poco, debido a las luchas entre tribus, se acaban imponiendo los varones como líderes.

Es, por tanto, en el neolítico cuando se sustentan las bases de la socialización, se potencia concepto de unidad familiar y se plantan las bases de la relación comercial-profesional.

4.7 La tecnología en la evolución

A inicios del siglo XXI muchas compañías iniciaron la carrera por disponer de tecnologías no sólo para controlar entorno sino para dotar al ser humano de capacidades extra que le permitieran llevar a cabo actividades que hasta el momento no era capaz.

Inicialmente, los desarrollos se centraron en mejorar la calidad de vida de personas con reducción de capacidades, ya fuera movilidad, audición, vista, etc. Sin embargo, pronto observaron la ventaja de dotar a las personas con nuevas capacidades.

Así mismo, el desarrollo de la tecnología permitía incorporar funcionalidades y características impropias del ser humano, copiándolas de la naturaleza o creando nuevas capacidades.

El ámbito militar, uno de los principalmente interesados en potenciar las capacidades de los soldados en batalla, fue uno de los ámbitos con más financiación para proyectos de desarrollo en esta línea, tal como ya sucediera en el siglo XX, con la salvedad de que su uso quedaría restringido y cotado a la defensa, en mayor medida y con una gran orientación al público, dada la estrecha relación de la financiación privada con los proyectos militares.

El éxito ha llevado al ser humano a la búsqueda de nuevos objetivos, como la felicidad, la inmortalidad y la divinidad. La búsqueda de la inmortalidad, así como la mejora de la calidad de vida, la mejora de la salud y la búsqueda de los estados placenteros llevó a la aparición de proyectos enmarcados en la gestión de la experiencia del usuario por un lado y en la modificación genética, en el polo más externo.

4.7.1 CRISPR

La técnica CRISPR (*Clustered Regularly Interspaced Short Palindromic Repeats*) es una herramienta molecular utilizada para "editar" o "corregir" el genoma de cualquier célula. La capacidad de cortar el ADN es lo que permite modificar su secuencia, eliminando o insertando nuevo ADN. El acrónimo CRISPR es el nombre de unas secuencias repetitivas presentes en el ADN de las bacterias, que funcionan como autovacunas.

Su función fue predicha por el microbiólogo Francis Mojica en el año 2005. Entre 2012 y 2013, los equipos de Jennifer Doudna, Emmanuelle Charpentier y Feng Zhang, entre otros, aprovecharon el avance en esta técnica para desarrollar una herramienta capaz de editar el ADN de cualquier tipo de célula.

En los estudios e investigaciones en laboratorios se ha conseguido corregir enfermedades en ratones, además de corregir genes defectuosos ligados a enfermedades humanas y diseñar estrategias contra el cáncer.

En 2014, el MIT (*Massachusetts Institute of Technology*) anunció que había conseguido curar a un ratón adulto de una enfermedad hepática de origen genético utilizando esta tecnología.

En 2016, EE. UU. aprobó el primer ensayo clínico de la técnica CRISPR para comprobar si es seguro en el tratamiento de pacientes con cáncer.

En 2018 se inyectó por primera vez a personas células con genes que han sido modificadas con la técnica CRISPR-Cas9 (Lu You, de la Universidad de Sichuan, China).

La tecnología CRISPR/Cas9 forma parte de la ingeniería genética, basándose en edición, corrección y alteración del genoma de cualquier célula de una manera fácil, rápida, barata y altamente precisa.

Permitiría curar enfermedades cuya causa genética se conozca y que eran incurables, así como para reprogramar las células para que corten el genoma de virus invasores

Otra de las aplicaciones es la de hacer humanos a la carta, es decir, modificar los genomas de embriones humanos para dotar de los atributos deseados.

También se puede utilizar para mejorar los alimentos transgénicos (desarrollar nuevas variedades de plantas y animales con características genéticas concretas), así como modificar bacterias y otros microorganismos de uso industrial y alimentario.

Gracias a esta tecnología la capacidad del ser humano para evolucionar a un estado mejorado es posible, así como para modificar otras especies y reconfigurar el ecosistema.

4.7.2 La inteligencia artificial (IA)

Hasta el año 2001 solo se consideraba a la sociedad basada en el conocimiento como la meta de la humanidad. A finales del 2001, el gobierno de los EEUU, por medio de la Fundación Nacional de la Ciencia (NSF), organizó el foro de discusión para el desarrollo de l proyecto "Tecnologías convergentes para el mejoramiento del desempeño humano", que tenía como objetivo analizar la convergencia entre cuatro tecnologías: la nanotecnología (N), la biotecnología (B), las tecnologías de la información (I) las nuevas tecnologías basadas en las ciencias cognitivas (C). Este proyecto desemboco en el NBIC, por cada una de las tecnologías.

Este proyecto perseguía garantizar el predominio de los EEUU, tanto en lo militar como en lo económico.

En 2017, Google Brain, anunció que había logrado crear una IA capaz de diseñar otros modelos de IA superiores a cualquiera de los creados por los seres humanos, eliminando la intervención humana y, por tanto, otorgando el control de la IA.

Además de replicarse, la inteligencia artificial es ya capaz de crear nuevos mundos.

A Style-Based Generator Architecture for Generative Adversarial Networks (GAN), mediante el uso de Redes Generativas Antagónicas (GAN, un tipo de red neural), es posible generar imágenes de forma iterativa basadas en fotos genuinas de las que el sistema aprende.

En 2017, un ingeniero de Uber consiguió crear rostros sintéticos y artificiales que podían confundirse con los de personas reales a partir de una base de datos de rostros de personas, por lo que por el momento no se puede generar desde cero (Phillip Wang; web 'ThisPersonDoesNotExist.com'). Este sistema se basaba en el desarrollo de NVidia que utiliza redes GAN.

Por otro lado, la IA es capaz de analizar cualquier voz en cualquier momento. Mientras que los seres humanos pueden concentrarse en una sola voz o una conversación en un ambiente abarrotado de gente, la IA que es capaz de aislar una voz de un hablante en un vídeo de otras voces y ruido de fondo y trabajar con múltiples voces a la vez, mediante el uso de deep learning.

La IA es capaz de imitar cualquier voz tras escucharla durante solo un minuto. Gracias al aprendizaje de sonidos que se producen al leer un terminado texto, el análisis de las peculiaridades que cada persona tiene al hablar (entonación, vocalización, tono, volumen...) y la generación de nuevos contenidos, copiando una voz y siendo casi indistinguible. Un ejemplo es Deep Voice en solo 5 segundos es capaz de burlar cualquier sistema de reconocimiento de voz con una tasa de éxito del 95%.

En 2018, Universidad de Colorado en Denver desarrolló un programa informático capaz de generar vídeos manipulados en los que la IA ponía la voz a imágenes de personajes famosos, pero con un contenido falso (deep fake).

En 2019, la multinacional Samsung presentó una IA capaz de generar vídeos a partir de una única imagen de tal manera que el sistema crear el vídeo partiendo de una imagen inicial y calculando el movimiento y modificación del sujeto en cada fotograma.

La actual hipótesis de que no lo sabemos todo y de que el conocimiento que poseemos es provisorio, extendiéndose a los mitos compartidos que permiten la cooperación de personas que no se conocen, implica el riesgo de perder la cohesión social ante la distorsión de la información y la creación de nuevos mitos o falsas informaciones. Este es el gran riesgo de las fake news y los fake media.

Finalmente, en 2019 se presentó el primer juez basado en una inteligencia artificial, y cuyo objeto es ayudar a los jueces de carne y hueso en procedimientos judiciales. Además de presentadores de televisión que son hologramas, en China también se atrevieron a crear un juez de inteligencia artificial para los procedimientos judiciales, considerado como el primero de su tipo en el mundo.

4.7.3 El ser humano aumentado

Un ser humano aumentado (Augmented Human) es un ser humano dotado de mejoras, no sólo genéticas, sino ampliado con equipamiento complementario que le permite alcanzar capacidades fuera de su alcance normal.

La hibridación humano-tecnología permite al ser humano adquirir potencialidades mayores de las que la biología permitiría en situación normal.

Un ejemplo de estas capacidades está en los exoesqueletos, que son máquinas móviles consistentes primariamente en un armazón externo individual que portaría una persona y un sistema de potencia de motores o hidráulicos que proporcionaría al menos parte de la energía para el movimiento de los miembros.

El exoesqueleto permite a su portador moverse en cualquier entorno y a realizar cierto tipo de actividades extremas, como correr a mayor velocidad, saltar más alto o cargar mayores pesos. Sin embargo, también permite a personas con capacidad de movilidad reducida adquirir la capacidad de movimiento normal.

Más extremo es el caso del desarrollo llevado por la experta en ingeniería de materiales Shu Yang, de la Universidad de Pensilvania, centrado en un adhesivo súper fuerte y reversible, con propiedades similares a las que le permiten escalar muros a Spiderman (2014). El sistema incorpora mecanismos de sujeción como el que emplean los lagartos desplazarse por superficies verticales.

Este sistema de adhesión provoca que el peso se distribuya de manera uniforme permitiendo a una persona ascender paredes verticales. La investigación se realizó en colaboración con la agencia estadounidense de Proyectos de Investigación Avanzada de Defensa (DARPA).

Otra de las tecnologías que dota al ser humano de nuevas capacidades se centra en ver a través de las paredes. El MIT (Instituto Tecnológico de Massachusetts) desarrolló, en 2011, un software capaz de identificar con gran exactitud si alguien se encuentra al otro lado de un muro opaco y cómo se mueve.

El Laboratorio de Ciencias de la Computación e Inteligencia Artificial (CSAIL) del MIT, creó un sistema basado en inteligencia artificial capaz de identificar y recrear movimientos humanos utilizando la tecnología basada en ondas de radiofrecuencia (RF).

Mediante la implementación de una red neuronal, el sistema puede analizar señales y generar una figura esquelética en 3D que camine, se siente, corra, baile o gesticule como un humano, imitando los movimientos que está haciendo la persona en ese momento. Además, gracias a esta tecnología, es posible identificar señales tempranas de enfermedades como el Parkinson, la esclerosis múltiple o la distrofia muscular, permitiendo entender mejor la progresión de esos males que afectan al movimiento corporal, pero también ayudar a las personas mayores a tener más independencia.

Igual que es posible ver más allá, también es posible evitar ser visto. Gracias a la tecnología desarrollada por la Universidad de Rochester, es posible hacer invisible a un sujeto. La «Capa Rochester» se basa en el uso de lentes ópticas y puede escalarse tanto como el tamaño de las lentes.

Otros implantes contribuyen a mejoras y ampliar las experiencias sensoriales, mejorando la audición, el sentido del tacto y la pirorecepción, la convergencia de sentidos como el sonido mediante el tacto o la visión mediante el sonido, etc, o simplemente modificar el aspecto o incorporar información adicional, como los implantes electrónicos bajo la piel para codificar o almacenar información o los tatuajes digitales e interactivos.

La nanotecnología permite dotar de lentes de contactos con capacidad aumentada de visión o inclusión de realidad aumentada o, incluso, la inclusión de nanorobots en el organismo para el control y protección de la salud.

Los implantes en el cerebro permiten conectar al ser humano con la red, y ahí se escalan las posibilidades. A partir de esa conexión, el entorno y los equipos electrónicos comunicables por red pasan a ser una extensión del cuerpo físico, así como la persona individual pasa a ser un nodo de comunicación de una gran red, equiparable a un átomo que forma la materia.

El control mental sobre cualquier máquina pasa a ser posible, de manera que el individuo aumentado para a ser un ente que conforma, en sí mismo, un ecosistema completo.

También es posible dotar al ser humano de una memoria ilimitada conectada a la red, no sin el riesgo de sobrecarga cognitiva. Le memoria humana es selectiva, sólo registra aquello que tiene un significado especial para el sujeto y lo almacena según la atribución de significado que se le asigna. La red es ilimitada y estructurada de manera homogénea y harmonizada, lo que lleva a modelos de gestión de la memoria estandarizados.

Finalmente, el campo de la robótica biohíbrida plantea un paradigma opuesto. Implica el uso de tejido vivo dentro de los robots, en lugar de solo metal y plástico. El músculo es un componente clave potencial de tales robots, que proporciona la fuerza impulsora para el movimiento y la función.

En 2019, investigadores del Instituto de Ciencia Industrial de la Universidad de desarrollaron un método que progresa desde las células precursoras musculares individuales, a las hojas llenas de células musculares y luego a tejidos musculares esqueléticos completamente funcionales, incorporando estos músculos en un robot biohíbrido como pares antagonistas que imitan a los del cuerpo para lograr un notable movimiento del robot y una función muscular continua durante más de una semana (Shoji Takeuchi).

El transhumanismo es una corriente cultural e intelectual que sostiene que debemos transformar la condición humana valiéndonos del desarrollo tecnológico y del avance de la ciencia. La corriente transhumanista, de hecho, aboga por la evolución de la especie humana hacia una nueva especie en la que la tecnología es parte del ser humano, o a la inversa.

Según afirmaba Ray Kurzweil en 2005, "La Singularidad está cerca: cuando los humanos trascendamos la bio-logía" (The Singularity Is Near: When Humans Transcend Biology). La Singularidad tecnológica es el punto a partir del que una civilización tecnológica sufre tal aceleración del progreso que provoca la incapacidad de predecir sus consecuencias. Por ello, los transhumanistas entienden que la manera de adaptarse a esa nueva realidad es fusionarse con ella.

4.7.4 Wearables

Los wearables, o dispositivos portables, tiene la ventaja de estar mucho más conectados al cuerpo físico del usuario de lo que cualquier otro dispositivo móvil o inteligente hubiera podido hasta el inicio de siglo XXI.

El objetivo de estos dispositivos es tomar datos del entorno y del movimiento del sujeto, compartirla y aportar información adicional al sujeto a través de una interficie propia, como el caso de los relojes inteligentes, o externa, como el caso de las camisetas inteligentes que monitorizan al sujeto y comparten la información con una unidad de procesamiento de datos, generalmente un smartphone o un ordenador.

Los wearables están pensados para formar parte de los accesorios utilizados por el sujeto, sin invadirlo y sin tratar de condicionar su rutina, monitorizando su actividad y no interfiriendo en ella.

El sujeto no debe interactuar constantemente con el weareable sino que dispone de un elemento, a veces decorativo, que recoge información que luego permitirá al usuario tomar decisiones, habitualmente relacionadas con su bienestar: estrés, salud, etc.

Gracias a este conocimiento, el dispositivo portable capacita al usuario para tener mejor conocimiento al tiempo que le ayudar a modificar la manera en la que realiza una determinada actividad o en la que lleva a cabo una rutina.

4.7.5 La impresión 3D

La impresión 3D es un tipo de fabricación por adición donde un objeto tridimensional es creado mediante la superposición de capas sucesivas de material.

En 1976 se inventó la impresora de inyección de tinta. Posteriormente, en 1984, Charles Hull, cofundador de 3D Systems, desarrollo la estereolitografía o SLA, un sistema de fabricación orientado a la prueba de prototipos antes de su paso a la fabricación real. Tres años después llegaría la primera impresora 3D comercial, de manos del MIT y la compañía 3D Systems.

En 1999 se implementó en humanos el primer órgano criado en laboratorio, un aumento de la vejiga urinaria utilizando recubrimiento sintético con sus propias células (Instituto de Wake Forest de Medicina Regenerativa), lo que abrió las puertas al desarrollo de otras estrategias para la ingeniería de órganos, planteando la impresión de los mismos.

En 2002 se diseñó el primer riñón en miniatura completamente funcional y con la capacidad de filtrar sangre y producir orina diluida en un animal.

A partir de 2003 se inició un gran crecimiento en la venta de impresoras 3D, en campos como la joyería, calzado, diseño industrial, arquitectura, ingeniería y construcción, automoción y sector aeroespacial, industrias médicas, educación, sistemas de información geográfica, ingeniería civil, alimentación, medicina.

Entre el 2004 y el 2005, el Dr. Adrian Bowyer fundó RepRap, en la Universidad de Bath. RepRap se trataba de una iniciativa de código abierto para construir impresoras 3D que pudieran imprimir la mayoría de sus propios componentes. Gracias a esta visión, se consiguió democratizar la fabricación de unidades de distribución de bajo coste RepRap a las personas de todo el mundo, lo que les permitía crear productos a diario por su cuenta, imprimiendo con filamento pla, abs u otros materiales.

En 2007, investigadores de la Universidad de Cornell, en colaboración con el French Culinary Institute de Manhattan, modificaron la primera impresora 3D para trabajar con comida, imprimiendo galletas, queso o purés con las formas deseadas. Algo parecido logró en 2010 la Universidad de Exeter, con capas de chocolate.

En 2008 se llevó a cabo la impresión en 3d de una pierna de prótesis con todas las partes, rodilla, pie, etc, impresa en una misma compleja estructura sin ningún tipo de montaje.

En 2009 se inició la bio-impresión, con la tecnología del Dr. Gabor Forgacs, para imprimir el primer vaso sanguíneo.

Partir del 2010 se inició la expansión de impresoras 3D de uso doméstico.

Los ingenieros de la Universidad de Southampton diseñaron y planearon en 2011 el primer avión impreso en 3D, a bajo coste (aproximadamente 7.000 €) y a gran velocidad (7 días). Ese mismo año Kor Ecologic presentó Urbee, un prototipo de coche impreso en 3D.

También en 2011, la empresa Materialise empezó a ofrecer un servicio de impresión 3D de oro de 14 Kilates y plata de ley, economizando el mercado a los joyeros y permitiendo la personalización a medida.

En 2012 se lleva a cabo e primer implante de prótesis de mandíbula impresa en 3DS

En 2014 se presentó el primer prototipo de impresora 3d de comida para restaurantes, hospitales y caterings.

En 2019, científicos israelíes de la Universidad de Tel Aviv (TAU) publicaron en el estudio Advanced Science, en el que se explicaba que por primera vez en la historia lograron desarrollar un corazón impreso en 3D que combina tejido humano extraído de un paciente.

La impresión 3D permite, no sólo la creación de alimentos y piezas sino también de órganos y tejidos utilizados para alargar la esperanza de vida de las personas y/o corregir deficiencias biológicas de los seres humanos.

Gracias a la posibilidad de modelar a medida objetos y tejidos, el ser humano es capaz de adquirir una fuente de suministros y recursos no sintetizados o existentes en la naturaleza.

4.7.6 Computación cuántica (Quantum computing)

La computación cuántica se basa en el conocimiento de los fenómenos mecánicos distintivamente cuánticos para llevar a cabo operaciones en los datos.

La Quantum Computing supera a la informática clásica dado que los efectos cuánticos pueden mejorar las capacidades de procesamiento de información y acelerar la solución de ciertos problemas computacionales (Robert Kön g, Sergey Bravyi y David Gosset; 2018).

En 2019, IBM presentó la primera computadora cuántica independiente diseñada para uso científico y comercial, "Q System One". La computación cuántica permite acelerar el progreso en inteligencia artificial (IA) y mejora el rendimiento del aprendizaje profundo.

El estudio a escala de gran cantidad de datos requiere una potencia de cálculo muy elevada, por ejemplo, en el análisis de consumo de energía, la actividad económica, la demografía, la infraestructura, la innovación, el empleo y los patrones del comportamiento humano, etc. La computación cuántica permite disponer de esta potencia de cálculo y predecir múltiples estados futuros en base a gran cantidad de variables.

La Universidad Griffith en Australia y de la Universidad Tecnológica de Nanyang en Singapur desarrollaron en 2018 una computadora cuántica que puede predecir el futuro, trabajando en escalas subatómicas, gracias a la simulación de alrededor de 16 líneas de tiempo para paquetes de luz o fotones que ocupan diferentes lugares. De esta manera, puede predecir realidades alternativas en cualquier momento siguiendo el movimiento de los fotones y midiendo sus resultados.

Gracias a ello, es posible introducir y demostrar la posibilidad de comparar futuros estadísticos de dos procesos clásicos a través de la interferencia cuántica, lo que permitiría hacer predicciones tales como cambios en el clima, los mercados de valores y los patrones de tráfico.

4.7.7 E-Health y el sueño de alargar la vida hasta llegar a la inmortalidad

El E-Health es la aplicación de un conjunto de herramientas técnicas que se emplean en materia de prevención, diagnóstico, tratamiento, seguimiento y la gestión de la salud con el objetivo de mejorar la eficacia del sistema sanitario, es decir, se basa en la aplicación de la tecnología al entorno sanitario.

Engloba diferentes productos y servicios para la salud, como aplicaciones móviles, la telemedicina, los dispositivos wearables, el Big Data, los sistemas de apoyo a la decisión clínica, el Internet de las cosas o los videojuegos de salud (Asociación de Investigadores de eSalud; AIES).

La tecnología e internet han facilitado la incorporación a la vida cotidiana de soluciones que permiten la mejora de la calidad de vida y la ampliación de la calidad de la salud.

Más allá de la prevención de enfermedades y de la curación o paliativo de éstas, la reparación de tejidos y células hace posible alargar la vida humana casi hasta el límite de la inmortalidad. La sustitución de células y la reparación de tejidos podrían detener e incluso revertir la vejez.

El gerontólogo biomédico londinense Aubrey De Grey formado en la Universidad de Cambridge, es uno de los pioneros en el estudio del detenimiento del envejecimiento para lograr una expectativa de vida que podría superar los 1000 años o incluso extenderse de forma indefinida, manteniendo una apariencia joven y un cuerpo saludable.

La epigenética estudia cómo el comportamiento influye en la genómica del individuo, lo que permite mejorar la esperanza de vida además de otros importantes aspectos del comportamiento. Los wearables son elementos que ayudan en este aspecto, informando al usuario en todo momento, tal como se describía anteriormente. Sin embargo, el objetivo de la bioingeniería es el de crear sistemas biológicos capaces de autorepararse, con lo que los wearables pasarían a ser sensores de este sistema.

La terapia génica tiene por objeto evitar el envejecimiento de las células. Tras la evidencia de que el actuar sobre determinados genes se alarga la vida de las especies animales, esta técnica implica la curación de las enfermedades genéticas al ir directamente al origen del problema.

En 2013, Google anunció su proyecto CALICO (California Life Company), una compañía biotecnológica centrada en frenar el envejecimiento de la población a través de la ingeniería inversa de la biología. Otro ejemplo es Human Longevity. Inc, una empresa de California centrada en la creación de una base de datos gigante que contiene exclusivamente información de los genomas que utiliza el Big Data hacer correlaciones genómicas desconocidas.

Mucho más allá va el proyecto de la startup Humai que se centra en transferir la conciencia de una persona en un cuerpo artificial después de su muerte, lo que llevaría a la inmortalidad del individuo. Humai sería una interfaz a través de la cual el cerebro se comunicaría con los sentidos y los órganos del cuerpo biónico. La inteligencia artificial se integraría en estos miembros sintéticos para que funcionaran de manera independiente, a imitación del cuerpo humano.

Gracias a la manipulación genética y a componentes nanotecnológicos, el ordenador realizaría tareas de regeneración de los tejidos cerebrales, reparando cada célula a nivel molecular. Según la compañía, la combinación de todo esto con la tecnología de sensores permitirá sentir lo esencial de la experiencia humana.

Por su parte, Netcome plantea preservar el cerebro mediante la vitrificación de la materia gris (criopreservación estabilizada con aldehído) con el objetivo de subir la información existente en este a la nube.

Incluso es posible estimar y predecir la fecha de la muerte de una persona. En 2019, un equipo de la Universidad de Nottingham creó un sistema basado en inteligencia artificial capaz de predecir la muerte prematura.

Finalmente, la nanotecnología, mediante el uso de nano robots instalados dentro del cuerpo humano, permite la monitorización, reparación de tejidos, control de la evolución de las enfermedades, defensa y mejora de los sistemas biológicos humanos, diagnóstico, tratamiento y prevención, alivio del dolor, prevención de la salud, administración de medicamentos a las células, etc.

4.7.8 El terror tecnológico

A pesar de que en el siglo XX se firmó la mayor tregua mundial que trajo un período sin precedentes de paz, principalmente ante el miedo a la bomba atómica, cabe tener presente que esta tregua no fue totalmente global, sino que algunos países quedaron fuera de este acuerdo mundial. Incluso aquellos que firmaron, no dejaron de desarrollar tecnología militar, inicialmente para defensa, pero, igualmente, aplicable al combate de ataque.

Si bien, la industria militar ha sido uno de los principales proveedores de desarrollos aplicables en el mundo empresarial y doméstico, no está exenta de peligro.

En 2019 saltó la polémica al filtrarse videos de dos drones de combate. Estos videos eran oficiales y fueron grabados y difundidos por el ministerio de defensa ruso para mostrar la última generación en maniobras y pleno despegue de sus drones no tripulados de combate. Esta maniobra era una respuesta del presidente ruso a otros dos drones estadounidenses.

Estos drones tienen por objeto proteger a los soldados y mantenerlos lo más lejos posible de los puntos más peligrosos, pero pueden ser utilizados como armas de ataque e incluso como kamikazes.

Otra de las tecnologías utilizadas en guerra traslada el campo de batalla a la red. La ciberguerra pone de manifiesto la gran vulnerabilidad de la población ante este tipo de riesgos.

A modo de ejemplo, en 2014 el FBI acusó a Corea del Norte como el responsable de un ataque cibernético a la empresa Sony Pictures Entertainment, asegurando que se trataba de un acto terrorista. Hundir la red de Internet de Estados Unidos en 2014 habría afectado a más de 290 millones de usuarios.

En 2019, Baltimore se convirtió en la primera ciudad secuestrada por hackers, después de que sus sistemas fuesen infectados por ransomware, afectando a los sistemas críticos de la ciudad: policía, empresas que gestionan la luz, el agua o el gas e, incluso, el gobierno municipal de la ciudad. La nota de rescate exigía el pago de 3 Bitcoins (unos 22.000 dólares; 19.500 euros) para desbloquear cada ordenador, o 13 Bitcoins (99.000 dólares; 88.000 euros) para liberar la ciudad entera.

Aislar las comunicaciones y el acceso al control de equipos y datos es el objetivo principal, y uno de los objetivos serían los satélites de comunicación, además de la red.

Ejemplos de menor envergadura se observan en dispositivos IoT o en el caso de escuchas en asistentes de voz, poniendo de manifiesto la gran vulnerabilidad de los usuarios ante el uso de las nuevas tecnologías.

4.8 Resumen de impacto de las tecnologías en la evolución

A continuación, se recogen las acciones más generales y su impacto en la evolución de la especie humana con el objetivo de resumir los aspectos más generales de relación directa, teniendo en cuenta que muchos de los impactos actúan de manera transversal con otros aspectos:

Tecnología	Acción	Posible impacto
CRISPR	Edición genética	Adaptación del sujeto al entorno
	Corrección enfermedades	Aumento de la esperanza de vida, tratamiento de trastornos
	Modificación genética	Mejora físicas y cognitivas
Augmented human	Implementación de dispositivos y equipamientos	Mejora físicas y cognitivas
	Implementación de sensores y conexión a la red	Adaptación del sujeto al entorno. Adaptación del entorno al sujeto
	Incorporación de transductores artificiales	Ampliación de la capacidad sensitiva, mejora canales sensoriales
	Inserción de nanotecnología	Mejora de la salud. Mejoras biológicas
	Incorporación de células vivas a dispositivos físicos	Ampliación de capacidades. Adaptación del entorno al sujeto
Inteligencia Artificial	Replicación de capacidades cognitivas humanas	Adaptación del entorno al sujeto
	Creación de humanos virtuales irreales	Aumento de la capacidad empática. Creación de sociedades virtuales
	Replicación de tareas humanas	Creación de nuevas sociedades virtuales. Adaptación de modelos sociales
Wearables	Sensado del estado físico y biológico individual	Adaptación del sujeto al entorno
	Conocimiento individual de estados físicos y biológicos	Toma de decisión en la adaptación de nuevos entornos al colectivo

Impresión 3D	Fabricación de nuevos alimentos	Adaptación del entorno al sujeto
	Fabricación de tejidos vivos	Adaptación del sujeto al entorno. Aumento de la esperanza de vida
	Fabricación de componertes	Adaptación del sujeto al entorno
Cloud Computing	Aumento de la capacidad de cálculo	Mayor conocimiento para mejora de la toma de decisión en la adaptación sujeto/entorno
	Predicción del futuro	Mayor conocimiento para mejora de la toma de decisión en la adaptación sujeto/entorno
E-health	Implementación de sensores y actuadores	Adaptación del sujeto al entorno
	Reparación de tejidos y células	Aumento de la esperanza de vida.
	Modificación genética	Mejora físicas y cognitivas. Aumento de la esperanza de vida.
	Regeneración de los tejidos cerebrales	Mejoras cognitivas. Tratamiento de trastornos
	Vitrificación de la materia gris	Aumento de la esperanza de vida. Mantenimiento del conocimiento.

5. Concepción biológica y matemática

5.1 La metabiología

Una de las teorías más nacientes acerca del modelado matemático de la evolución de la especie es la metabiología, que plantea el ADN como un "lenguaje de programación universal" y permite utilizar problemas matemáticos para desafiar a los organismos a evolucionar incluso cuando no existen métodos generales para esta finalidad. De esta manera, la metabiología trata de entender cuáles son los procesos y leyes que rigen la evolución de las especies.

Cada mutación de una especie consiste en un programa informático original A y produce como salida el organismo mutado B. Siendo la mutación algorítmica un programa de N bits, se tiene una probabilidad de 2^{-N} de conseguir una mutación de A en B.

Esta mutación será válida siempre que el nuevo organismo B sea mejor que el organismo original y, por tanto, lo reemplace. En caso contrario, se descarta y, por tanto, no se considera válida la mutación.

De esta manera es posible deducir cuál es el posible camino de la evolución y puede modelarse. Por tanto, si es posible modelar una mutación válida, entonces debería ser posible introducirla según el interés.

Por otro lado, la ecología se define como la propiedad de los seres vivos que les permite subsistir cuando varían las condiciones del medio o acuerdo de una estructura con su medio.

Finalmente, cabe destacar la genética de poblaciones, que es una teoría matemática que define la evolución en respuesta a presiones selectivas y que trabaja con un banco de genes fijo y finito.

5.2 La cognición cuántica

La cognición cuántica aplica el formalismo matemático de la teoría cuántica para modelar fenómenos cognitivos como el procesamiento de la información por el cerebro humano, el lenguaje, la toma de decisiones, la memoria humana, los conceptos y el razonamiento conceptual, el juicio humano y la percepción.

Investigadores de la Universidad Estatal de Ohio, la Universidad de Indiana y la Universidad Tecnológica de Queensland, liderados por Zheng Joyce Wang, llevaron a cabo una serie de estudios en 2015 acerca del comportamiento humano, llegando a la conclusión de que los modelos cuánticos son particularmente útiles cuando los humanos se comportan de maneras que parecen irracionales bajo la teoría de probabilidad clásica.

La cognición cuántica puede funcionar bien para comprender cómo piensan las personas cuando se enfrentan a la ambigüedad porque este modelo trata las probabilidades de una manera que es una representación más precisa del mundo real.

El equipo de Wang usó el ejemplo del gato de Schrödinger, el experimento mental en el que existe un gato dentro de una caja en dos estados (vivo y muerto) a la vez, hasta que se abre la caja. Este tipo de superposición cuántica ocurre cada vez que una persona debe enfrentarse a una decisión. Inicialmente, todas las opciones existen en su mente, y cada una tiene una probabilidad diferente de ser elegida. Sin embargo, tan pronto como toma una decisión, la superposición se derrumba y las otras opciones dejan de existir.

Modelar este tipo de procesos matemáticamente es un desafío, porque cada resultado posible aumenta la complejidad del problema. La investigación de Wang y su equipo permite plantear que, con un enfoque cuántico, el mismo conjunto limitado de axiomas puede explicar el comportamiento humano complejo en diferentes situaciones, donde antes podrían haberse necesitado varios modelos clásicos.

5.3 Aplicación de las matemáticas a la biología

La Biología Matemática es un área científica que estudia los procesos biológicos utilizando técnicas matemáticas.

Uno de los aspectos más importantes de esta disciplina es el de la evolución humana. A través del teorema fundamental de la selección natural de Ronald A. Fisher, se puede explicar la teoría de la evolución por selección natural de Darwin mediante el uso del lenguaje matemático.

Este teorema plantea que, bajo determinadas condiciones, en un determinado tiempo, el ritmo o velocidad a la que aumenta la adaptabilidad promedio de una determinada especie es igual a la gama o riqueza de posibles valores en los genes.

$$\Delta \overline{W} = \frac{\sigma_w^2}{\overline{W}}$$

Donde $\Delta \overline{W}$ es el aumento de la adaptabilidad promedio, $\overline{W}$ la adaptabilidad promedio y σ_w^2 es la gama o riqueza de los posibles valores en los genes.

Gracias a esta expresión es posible llevar a cabo hipótesis de adaptabilidad al entorno de diferentes mutaciones, con lo que es viable, antes de forzar una hipotética mutación, comprobar su tasa de éxito.

El estudio de los sistemas lineales tiene relación con la visión holística y organicista de la vida postulada en el teorema de Von Bertalanffy, que propone que los sistemas están inmersos en un ambiente, es decir, los sistemas son abiertos, no cerrados, interaccionando con el ambiente. La interacción con el ambiente tendría una entrada de información (input) que, tras ser procesada o transformada por el sistema, dará como resultado una respuesta de salida (output).

Según estos sistemas, el estado o comportamiento global del sistema es matemáticamente la suma de los estados o comportamientos de las partes.

A partir de 1970 cambió esta perspectiva, surgiendo la teoría de los sistemas disipativos (Ilya Priggogine) según la cual, aquellos sistemas que continuamente intercambian materia y energía con el ambiente se mantienen en funcionamiento debido a que se encuentran lejos de una situación de equilibrio, lo que llevó al estudio de los sistemas no lineales, gracias al uso de métodos computacionales.

Según estos sistemas, el comportamiento del sistema no puede ser descrito como la suma de los comportamientos de sus partes, principalmente debido a la existencia de interacciones entre sus partes.

El cerebro, así como los ecosistemas, se trata de un sistema complejo: no lineal, caótico y disipativo. Los sistemas caóticos se caracterizan porque pequeñas diferencias de las condiciones iniciales hacen que el pronóstico de su estado futuro cambie bruscamente, por lo que no es posible predecir con seguridad estados futuros. Gracias al uso de software informático es posible modelar y estudiar estos sistemas.

5.4 La teoría de escala de Geoffrey West

El físico y matemático Geoffery West y su equipo llevaron a cabo en 2007 un estudio acerca del comportamiento de las ciudades y de las corporaciones ante el crecimiento de las mismas.

De este estudio se extrae que el crecimiento de las ciudades responde a una curva de crecimiento lineal exponencial y es igual para todos los casos. Para ello estudiaron las redes de personas, las redes sociales, de una ciudad partiendo de la premisa de que las ciudades son simplemente manifestaciones físicas de sus interacciones y las nuestras.

De su trabajo surge una evidencia empírica que indica que los procesos que relacionan la urbanización con el desarrollo económico y la creación de conocimiento son muy generales, compartidos por todas las ciudades que pertenecen al mismo sistema urbano y sostenidos en diferentes naciones y épocas.

Se muestra que muchas propiedades diversas de las ciudades, desde la producción de patentes y el ingreso personal hasta la longitud del cable eléctrico, son funciones de ley de potencia del tamaño de la población con exponentes de escala. β, que se dividen en distintas clases de universalidad. Las cantidades que reflejan la creación de riqueza y la innovación tienen $\beta \approx 1.2 > 1$ (rendimientos crecientes), mientras que las que representan la infraestructura muestran $\beta \approx 0.8 < 1$ (economías de escala).

A pesar de la enorme complejidad y diversidad del comportamiento humano y la extraordinaria variabilidad geográfica, se demuestra que las ciudades que pertenecen al mismo sistema urbano obedecen relaciones de escala generalizadas con el tamaño ce la población, caracterizando las tasas de innovación, creación de riqueza, patrones de consumo y comportamiento humano, así como propiedades de infraestructura urbana.

La mayoría de los indicadores se refieren a procesos temporales asociados con la dimensión social de las ciudades como espacios de interacción intensa en todo el espectro de actividades humanas. Se observa una universalidad de la dinámica social humana, a pesar de la enorme variabilidad en la forma urbana.

Gracias a su hallazgo se plantean bases cuantitativas para las teorías sociales del "urbanismo como una forma de vida".

Finalmente, se extraen las posibles consecuencias de estas relaciones de escala derivando ecuaciones de crecimiento, que cuantifican la diferencia dramática entre el crecimiento impulsado por la innovación y el que impulsan las economías de escala. Esta diferencia sugiere que, a medida que la población crece, se deben generar importantes ciclos de innovación a un ritmo continuo para mantener el crecimiento y evitar el estancamiento o el colapso.

Por tanto, cuanto mayor es la ciudad, mayor es el impacto de su crecimiento. Un punto relacionado se ocupa de los límites del crecimiento de la población urbana.

Si bien los aumentos de población están limitados en última instancia por los impactos en el medio ambiente natural, se demuestra que el crecimiento impulsado por la innovación implica, en principio, que no hay límite para el tamaño de una ciudad, lo que proporciona un argumento cuantitativo contra las ideas clásicas en economía urbana. La tensión entre las economías de escala y la creación de riqueza representa un fenómeno en el que la innovación ocurre en escalas de tiempo cada vez más cortas comparadas con las vidas individuales y se predice que se acortarán aún más a medida que las poblaciones aumenten y se conecten más, en contraste con biología donde las escalas de tiempo de innovación de la selección natural exceden en gran medida las vidas individuales.

La creación abierta de riqueza y conocimiento requiere que el ritmo de vida aumente con el tamaño de la organización y que los individuos y las instituciones se adapten a un ritmo que se acelera continuamente, para evitar estancamientos o posibles crisis.

5.5 La tecnología en la biología y las matemáticas

La tecnología ha sido una herramienta importante para las matemáticas y viceversa. El álgebra de Boole, o álgebra booleana, es una estructura algebraica que esquematiza las operaciones lógicas y que es utilizada para el cálculo que llevan a cabo las máquinas.

Por su parte, incluso antes de los primeros registros escritos ya se tiene constancia de artefactos usados para medir el tiempo y el espacio. Pero es a partir del Siglo XX cuando, gracias a la invención y el continuo progreso de las computadoras que se consiguió empezar a trabajar con cantidades cada vez más grandes de datos, y surgieron áreas como por ejemplo la teoría de la computabilidad de Alan Turing; la teoría de la complejidad computacional; la teoría de la información de Claude Shannon; el procesamiento de señales; el análisis de datos; la optimización y otras áreas de investigación de operaciones.

La tecnología resulto, a partir del siglo XXI, una gran aliada en la adquisición de información y en el análisis masivo de datos.

Gracias a la computación cuántica, al big data y a otras tecnologías de análisis y cálculo resultó posible el estudio de múltiples factores y sus correlaciones.

Un ejemplo claro se tiene en el modelo Smart City, donde la inmensa red de datos que se obtiene mediante la adquisición de información permite entender y prever crisis financieras, revoluciones sociales, epidemias, movimientos migratorios, etc. Gracias a esta capacidad de análisis de grandes volúmenes de información, es posible construir sociedades más robustas, sistemas financieros estables, gobernanzas más eficaces, mejor atención sanitaria, precoz, asequible y eficiente, y una sociedad más participativa gracias a la mejor comprensión de la información, por encima del consciente colectivo, gracias al entendimiento de las pautas matemáticas presentes en los macrodatos, en base al flujo de ideas y de información social y el registro del movimiento geoposicionado de los individuos.

Las pautas del flujo de ideas (reflejadas en conductas de compra, en la movilidad física o en las comunicaciones, guardan una relación directa en el aumento de la productividad y de la creatividad (MIT, 2018).

Pero las matemáticas no sólo sirven para el análisis de información sino también para la elaboración de modelos de predicción y estudio. Un claro ejemplo es el trabajo presentado en 2019 y llevado a cabo por matemáticos y neurocientíficos del primer modelo anatómicamente preciso que explica cómo es posible la visión (Lai-Sang Young, Robert Shapley y Logan Chariker). Gracias al uso de las matemáticas y de la tecnología es posible la elaboración de modelos complejos y su estudio.

6. Aporte de la tecnología en la historia de la especie humana

Llegado este punto se requiere enlazar los conceptos anteriormente descritos, y el impacto de la tecnología sobre estos, con el estudio histórico de la especie humana a fin de tratar de confirmar la posible correlación y justificación.

6.1 La tecnología como medio se supervivencia

En apartados anteriores ya se ha mencionado la época del neolítico, momento en el cual se da la revolución cognitiva y la especie humana conocida como Homo Sapiens aparece e inicia su desarrollo hasta la actualidad.

Durante la prehistoria, hace entre 800.000 a 20.000 años, el ser humano sólo tenía un objetivo, sobrevivir. No importaban las demás especies (el homo sapiens se remonta a hace cerca de 200.000 años)

Los grupos eran reducidos y solitarios. La poca cantidad de homo sapiens hacía difícil cruzarse por el camino con otros miembros, lo que hacía poco probable requerir desarrollar capacidades de relación.

Las condiciones climáticas en esa época eran adversas y empujaban al sapiens a buscar alternativas para su supervivencia.

El descubrimiento del fuego fue uno de los grandes avances de esta era.

Hace cerca de 70.000 años es cuando se produce la revolución cognitiva. Gracias al desarrollo del ingenio, la especie aprovechó la tecnología como herramienta orientada a tal fin, así, construyeron barcos para buscar nuevas tierras más patas para la caza y la vida, arcos y flechas para mejorar en la caza, lámparas de mano para ver en la oscuridad e incluso agujas y ropa para protegerse de las inclemencias del clima, todo ello con un fin, sobrevivir.

Se adquirió también la capacidad de discernir, es decir, de contar información de otros a su espalda y, por tanto, de contar información acerca de en quién confiar y en quién no.

Hace 45.000 años, se extinguieron los neandertales, todo apunta a manos de los homos sapiens.

Hace 30.000 años, nació la religión y, con ella, la creencia en algo más allá que guía al ser humano, la fe por algo más que no se ve. También nacieron los mitos y las leyendas, que permitieron imaginar colectivamente y cooperar entre extraños en un fin.

La revolución cognitiva trajo nuevas maneras de pensar y de comunicarse. Una de las hipótesis actuales es que se cree que hubo una mutación de ADN relacionada con las conexiones internas del cerebro.

Durante este período, la tecnología cumple una función de soporte en la supervivencia ante un pensamiento de total dependencia del medio por parte del ser humano. La tecnología es una herramienta orientada a un fin de existencia, para sobrevivir ante un entorno agresivo en el que el ser humano debe buscar la manera para alimentarse, cobijarse y hacer frente a la climatología. Sin embargo, las innovaciones tecnológicas no tienen, en esa época, carácter universal.

6.2 La tecnología como herramienta de construcción social

Poco a poco, el ser humano evoluciona en la búsqueda de un entorno más propicio, desde hace unos 20.000 años hasta el año 0 aproximadamente, gracias, entre otros aspectos, a la mejora de las condiciones climatológicas, que propician asentamientos en los que organizarse y pasar de una vida nómada, principalmente cazadora y recolectora a practicar la agricultura y ganadería.

Hace unos 12.000 años se produce la revolución agrícola, que transformó al homo sapiens de un ser nómada en una especie sedentaria. Este proceso no fue inmediato y se desarrolló durante siglos a lo largo del planeta, con inicio en Oriente Medio y Egipto.

La tecnología que se desarrolla en esa época se orienta a este fin, mediante herramientas para la agricultura y la ganadería como para la construcción de pequeños poblados. La relación entre personas empezó a fomentarse y el núcleo familiar cobra importancia, dada la necesidad de mantener las tierras y el ganado y aportar alimento y sustento al hogar.

Hace 10.000 años surgen los primeros asentamientos, debidos a la agricultura. Cuando el campo produjo excedentes, surgieron los núcleos urbanos, los grupos de trabajo y las instituciones especializadas. A partir de ahí, los mercados, templos y palacios crearon redes sociales adaptadas al comercio, al culto religioso y al gobierno Estas redes se fueron volviendo más complejas con los años.

La construcción estaba democratizada y descentralizada, con libre adaptación a la necesidad social.

Aproximadamente 3.000 años antes de Cristo, en Mesopotamia, los sumerios inventaron la escritura cuneiforme, lo que permitió la transmisión de información. La escritura evolucionó en nuevas formas de transmisión a partir del 2500 a.C.

En el año 3.000, a.C., en Egipto, Imhotep introdujo la piedra natural en las construcciones. Los egipcios inventaron y usaron muchas máquinas simples para ayudarse en las construcciones.

Sobre el 2.250 a.C. nació el primer imperio, pasando de poblados a ciudades con gobernanza, a modo de ejemplo el 1.776 a.C. se crea el Código Hammurabi. Aparecen las ciudades-estados en Grecia y los imperios territoriales (Roma). El 1.000 a.C. se constituyó el nuevo orden monetario, el orden religioso y el orden imperial. El 500 a.C. se constituyeron los primeros mega imperios.

En el 3.000 a.C. se inventó el dinero en Sumer. El 600 a.C. se acuñó la primera moneda.

Los griegos inventaron muchas tecnologías y mejoraron otras ya existentes, entre las que destacan el motor a vapor básico, el tornillo de Arquímedes, la balista y computadoras analógicas primitivas, además de diseñar y construir las primeras cúpulas y también los primeros en investigar el número áureo y su relación con la geometría y la arquitectura.

Alrededor del 1.000 antes de Cristo se inventó la rueda y, con ella, mejoró el transporte y el comercio, al poder desplazarse más lejos y con mayor carga, gracias a su vez a la domesticación del caballo.

El año 1350 antes de Cristo nació la primera religión monoteísta, debido a que el ser humano empieza a cuitar el poder al entorno y empieza a humanizarlo, es decir, ya no es el campo el que dispone de un Dios que decide cuándo y cómo abastecer a los humanos sino un Dios el que hace crecer el campo de los humanos. Entre el 1500 y el 1000 a.C. Zaraostra desarrolló la religión dualista donde el bien y el mal, concebido por el ser humano, define al mundo. El 500 a.C nació el Budismo, una religión que no concibe a un Dios sino a un hombre como centro de sabiduría.

Surgieron diversas teorías del pensamiento sobre el ser humano: (1) el idealismo (Platón; 400 a 300 a.C.) que divide el mundo en ideas, el conocimiento, y en sentidos, la apariencia; (2) el escepticismo, que trata de alcanzar la tranquilidad del espíritu llegando a los conocimientos absolutos (parte de la premisa de que ni la razón ni los sentidos son fiables); (3) el epicureísmo, que trata de obtener el placer como el fin último; y (4) el estoicismo; que entiende que el curso de la vida está determinado por las leyes de la naturaleza que se repiten cíclicamente y la única forma de alcanzar la felicidad es vivir conforme a la naturaleza.

Toda esta época estuvo marcada por ser una época de frío que empezó a atemperar a partir del 600 a.C. cuando el clima se tornó ligeramente frío y finalizó, a partir del 500 a.C. con un clima bueno, de estilo mediterráneo.

En este período, la tecnología adquiere una cierta relevancia como medio para la existencia y socialización de ser humano. La tecnología permite al ser humano desarrollar relaciones sociales, comerciar e incluso transmitir su conocimiento. El pensamiento ahora está más centrado en la creación de la especie y las reglas y normas que rigen la supervivencia, asumiendo una cierta independencia del entorno, pero sin la necesidad de buscar respuestas. El ser humano adcuiere una visión de centralidad y sus quehaceres se corresponden a la necesidad de control sobre el medio y sobre su forma de vida.

6.3 La tecnología como herramienta de poder y de ventaja

El año 1.500 es clave por el cambio de perspectiva en lo que respecta a la visión de conocimiento. Es el año de la Revolución científica.

El período del 1 d.C. al 1.500 dc se inició con un buen clima que se torna seco y frío cerca del 500 d.C.

El 500 d.C. cayó el imperio romano, en decadencia durante ya años antes. Este hito, sujeto a estudio y discusión, parece que fue debido a diversos factores, entre los que destacan la caótica gestión del sistema político, la inmensa dimensión del imperio, incapaz de gestionarse adecuadamente, y una relajación por parte de los ciudadanos romanos que abandonaron algunos puestos clave en la gestión y protección de la ciudad a pueblos extranjeros que, presionados por el clima duro, se movilizaron para conquistar las prósperas tierras del imperio romano. Cabe destacar que el tamaño máximo de una población para que se den relaciones de cooperación se correlaciona con la dotación cognitiva de sus integrantes. En el caso de los humanos, el número de Dunbar (Robin Dunbar comprobó que existe una relación clara entre el tamaño del córtex prefrontal del cerebro y el número de compañeros o relaciones estrechas que cada uno de estos pueden tener), este tamaño se sitúa en 150 individuos.

Aunque no es posible que un grupo humano comprenda más de 150 personas sin romperse, una persona puede pertenecer a diferentes grupos y estos, a su vez, resultan virtuales, es decir, los miembros de diferentes comunidades no se conocen personalmente, pero pueden mantener la cohesión.

En el 500 d.C. la cultura escrita era poca y de acceso restringido. Esta fue la tónica durante varios siglos posteriores. Sin embargo, el interés por el estudio crece paulatinamente. Una tecnología que refleja este interés fue el invento de las lentes correctoras en 1.200 y la invención de las primeras gafas en el 1.400.

El crecimiento de la población empezó a ser notorio. Sólo en Europa, en el año 1.000 contaba con 35 millones de habitantes y en el 1.300 alcanzaba ya los 80 millones, momento en el que se estanca la población. El aumento constante de la contaminación por plomo en los hielos formados a principios y en la Edad Media y Alta (cerca del 800 a 1300 d.C.) indica que la economía europea se estaba desarrollando rápidamente en ese momento. Este crecimiento se detuvo en los siglos XIII-XVI, cuando Europa se vio afectada por las epidemias de peste y decreció la concentración de plomo en el hielo (Joe McConnell, *Pervasive Arctic lead pollution suggests substantial growth in medieval silver production modulated by plague, climate, and conflict*, 2019).

Con el objetivo de encontrar una nueva ruta comercial con la India y optimizar el comercio, Colón inicio un viaje que le llevó a descubrir un nuevo continente, América, en 1492. Este descubrimiento significó una importante actividad en torno a las expediciones posteriores y una fuente de financiación y de motivación tanto para comerciantes como para científicos e inventores de la época.

A partir de ese momento se inicia un intenso proceso de diseño de mapas y de desarrollo de la cartografía, geología, botánica y otras ciencias orientadas a conocer mejor el nuevo mundo. Se vive una nueva época gloriosa y los imperios invierten en el desarrollo de tecnología militar y naval tanto para proteger su territorio como para conquistar un nuevo pedazo de tierra donde encontrar riquezas. El primer mapamundi actualizado que incluyó América fue realizado por Marton Waldseemüller en 1507.

El siglo XVI se produce un importante aumento de la población, los recursos y la economía. Aproximadamente se cuentan 500 millones de personas en todo el mundo que hacen mover unos 250.000 millones de dólares en bienes y servicios. El mundo de los seres humanos consume cerca de 13 billones de calorías de energía aun con muy pocas ciudades con más de 100.000 habitantes.

Si el siglo XIV estuvo marcado por el Humanismo, que pretendía descubrir al hombre y dar un sentido racional a la vida tomando como maestros a los clásicos griegos y latinos, el siglo XVI nació una nueva corriente de pensamiento, el Racionalismo, que mostraba una fuerte disposición a admitir la ignorancia. Es el siglo de la revolución científica en la que hay una centralidad en la observación y uso de herramientas matemáticas para desarrollar teorías.

El 1.600 d.C. continuó siendo un siglo de conquistas en las que la tecnología se desarrolla en el ámbito armamentístico principalmente, sin embargo, la nueva corriente de pensamiento científico empieza a dar frutos. Francis Bacor publicó el manifiesto científico que relacionaba los principios de la ciencia y la tecnología bajo la premisa "saber es poder" (1620) y Newton publicó "principios matemáticos de la filosofía natural" (1687).

Surge el Empirismo, que defiende el conocimiento a través de la experiencia sensible.

La climatología durante los siglos XVI a XIX es muy adversa, llegando a conocerse como la pequeña Edad de Hielo.

Es una época de crecimiento y de confianza en el futuro y la tecnología aporta poder sobre los demás territorios y ventaja sobre los demás competidores, a través de soluciones de uso militar y con el objetivo de aumentar la capacidad de defensa y ataque, además del conocimiento del entorno. A modo de ejemplo, algunas de las tecnologías más importantes de este período fueron la brújula, la cartografía y las armas de fuego.

6.4 La tecnología como herramienta de progreso

El siglo XVIII estuvo marcado por las peores consecuencias del clima de la pequeña Edad de Hielo, resultando malas cosechas y fuertes tensiones sociales.

La sociedad comenzaba a entender las leyes que regían los mercados y no estaba dispuesta a continuar sufriendo tensiones ante un momento de hambruna y pobreza como el que se estaba sufriendo. Con cerca de 700 millones de humanos en el mundo, había mano de obra abundante pero muy baja producción a pesar del aumento de la producción agraria.

Empezó a crecer el espíritu de cambio social con el objeto de igualar las condiciones de las clases. Se dio paso de la Monarquía a la Burguesía, no sin antes librar diversas batallas en diferentes lugares.

En 1776 se firmó la Declaración de Independencia de los EEUU. El mismo año, Adam Smith publicó "La riqueza de las naciones", que argumentaba de que el aumento de la riqueza y la prosperidad colectivas son gracias a la innovación.

En 1789 la Revolución Francesa derivó en la Revolución Burguesa y se inició el planteamiento igualdad y libertad individual como valores fundamentales.

Se produjo uno de los acontecimientos culturales más importantes de la historia, que fue el Renacimiento. Las ciudades crecieron y el sistema feudal se fue sustituyendo por el sistema capitalista, que abogaba que el aumento de los beneficios privados es la base de la riqueza colectiva.

A finales del siglo, y gracias a las expediciones militares de Napoleón, se fundó la egiptología, que permitió el desarrollo del estudio de las lenguas antiguas. Así mismo, hubo importantes avances en el estudio de la religión, la lingüística y la botánica.

Estos desarrollos continuos y la gran presión productiva, apoyados por el desarrollo tecnológico con fines militares que permitía la aparición de nuevos inventos y descubrimientos a favor del desarrollo social, constituyó el caldo de cultivo para la primera Revolución Industrial (1760-1870).

En 1825 se construyó la primera locomotora a vapor y en 1830 se inauguró la primera línea de ferrocarril Liverpool-Manchester, con fines comerciales. En 1850 ya había 40.000 km de vías férreas en Europa.

Pero el desarrollo tecnológico militar aportó otras innovaciones importantes en otros campos. Una de ellas fue uso regular de anestésicos en la medicina occidental. Otra gran aportación de fue el desarrollo de nuevas fuentes de energía (hidráulica, combustión).

Para entonces, la ciencia se había colado ya en los viajes militares. En 1831, Charles Darwin viajó con la Royal Navy en el buque HMS Beagle para cartografiar las costas de Sudamérica, las islas Maldivas y las Islas Galápago y, gracias a la observación y a los descubrimientos de su viaje, desarrolló su Teoría de la Evolución.

Como se ha visto ya en anteriores capítulos, la Revolución Industrial provocó un profundo cambio social. Surgió el proletariado industrial y desapareció el campesino como el conocido hasta la época. Por primera vez en la historia, el crecimiento económico era sostenido. También se dio un importante crecimiento constante de la población favorecido por los movimientos migratorios y una estructura social más a favor de la familia.

Las costumbres cambiaron igual que la manera de entender la vida. Se estandarizó la hora con la del observatorio de Greenwich y, posteriormente, se estandarizó el horario mediante el uso de un reloj artificial. A partir de 1880 se empiezan a legislar los horarios.

Es el inicio de la atribución del poder a la persona común.

La mayor parte de las funciones tradicionales de la familia y comunidad pasaron a manos del estado y de los mercados, como la educación, las finanzas, etc. Se redujo el núcleo familiar.

Y con las tensiones propias de la nueva industrialización, tras el período inicial marcado por la esclavitud, la presión, la pérdida de libertades, surgieron importantes movimientos sociales que defendían las libertades y los derechos individuales de pensamiento, conciencia y asociación, la igualdad jurídica de todos los ciudadanos ante la ley y la soberanía nacional por la cual el poder reside en el pueblo y no en el monarca. Aparece el concepto de democracia.

Durante la Revolución Industrial se automatizó el trabajo en diferentes áreas, lo que provocó un aumento de producción sin precedentes. Al mejorar los medios de producción se produjo una migración masiva del campo a las ciudades, donde estaban las fábricas, cambiando la sociedad pues aparece la clase obrera, obligada a cumplir largas jornadas de trabajo con apenas descansos y vacaciones, lo que dio lugar a la aparición de los movimientos obreros que empiezan a luchar por los derechos de los trabajadores.

Estos movimientos sociales llegaron acompañados de diversas teorías: (1) teoría Marxista, que defendía la lucha de clases; (2) Utilitarismo, que sostenía que las cosas y las personas deben ser juzgadas por el placer y el bien que producen, siendo el fin último la felicidad; (3) Positivismo, que planteaba una reforma social mediante una ciencia (sociología) y una religión nueva basada en la solidaridad entre los hombres.

En 1848 se produce la Revolución liberal (liberalismo), cuyo componente económico del cambio es la Revolución Industrial y el componente social la Revolución Burguesa.

En este período, la tecnología cumplió la función de cambio a favor del progreso con el objetivo de mejorar la capacidad de creación de recursos y el aumento de la riqueza de la población.

Muchas de estas tecnologías que representan el progreso fueron la máquina de vapor, la siderurgia, la máquina de coser, el teléfono, la bombilla, el pararrayos, el telégrafo, los vehículos a motor, etc.

6.5 La tecnología como medio de defensa y de calidad social

El siglo XX pasó a la historia como un siglo de guerras y de horror, pero también por ser el siglo en el que la paz se instauró en la mayoría del planeta, no globalmente, pero si en su mayor parte.

El miedo tras la detonación de la primera bomba atómica en 1945, año en el que se ponía fin a la Segunda Guerra mundial (1935 – 1945) hizo a los países alcanzar el acuerdo de paz más largo de la historia.

El clima siguió similar actitud que el estado de ánimo de la sociedad, empezando el siglo con un incremento de temperaturas, un descenso a partir de 1940 hasta estancarse en 1950. De 1960 a 1974 los inviernos fueron especialmente fríos. A partir de 1974 se inicia el incremento de temperaturas llegando a su peor momento con la ola de calor de 1977 a 1978. Medio siglo de frío y penuria acompañado de guerras y la búsqueda incansable de sobrevivir.

El siglo XX arrancaba con cerca de 1.600 millones de habitantes. En 1940 ya eran 2.350 millones, pero en 1950 sólo se ascendió a 2.518 millones, fruto de las guerras y el estancamiento social.

Tras la visión de muerte y destrucción, ante un panorama de siglos anteriores en los que se vislumbraba un crecimiento social, volvió el espíritu de progreso. El Proletariado se reveló contra la explotación burguesa, reduciendo la brecha social. Fruto de este nuevo movimiento se alcanzaron los primeros gobiernos socialistas y nuevos derechos para la mujer, consiguiendo, a partir de mitad de siglo, el derecho a voto.

Pero en la guerra se produjeron algunas de las innovaciones tecnológicas más relevantes de los últimos tiempos. Incluso, cuando la guerra había terminado, el recelo que seguía presente llevó a los países a seguir trabajando en la defensa de sus ciudadanos y en la búsqueda de herramientas y sistemas que pudieran garantizar este hecho.

En 1957 la URSS lanzó el primer satélite artificial de la historia, Sputnik 1, y, en este contexto, se organizó en Estados Unidos la Advanced Research Projects Agency (Agencia de Proyectos para la Investigación Avanzada de Estados Unidos) conocida como ARPA y vinculada al Departamento de Defensa. Ésta se creó como respuesta a los desafíos tecnológicos y militares de la entonces URSS. Se empezó a trabajar en la creación de internet en 1958, tras la fundación del ARPA.

El MIT (Massachusetts Institute of Technology), fue quien lideró el proceso de creación de las primeras etapas de internet. Cinco años después se publicó un plan para crear una red que conectara diversos ordenadores, llamada ARPANET, cuyo objetivo era mantener las comunicaciones en caso de guerra ante la situación de incertidumbre y temor del momento.

En 1983 el Departamento de Defensa de los Estados Unidos decidió usar el protocolo TCP/IP en su red Arpanet creando así la red Arpa Internet, que pasó a llamarse Internet con el paso de los años.

En 1969 el hombre pisó la Luna. Este hecho no dejaría de ser un hito de la historia de conquista del ser humano si no fuera porque, como sucedió años antes con la tecnología militar, muchos de los avances tecnológicos que sirvieron para mejorar la calidad de vida y el progreso social provienen del esfuerzo en desarrollo tecnológico realizado para poder poner en órbita la nave espacial que alcanzó la Luna. Aplicaciones tecnológicas, innovaciones e incluso nuevos materiales que han permitido mejorar telecomunicaciones, medicina o luchar contra el cambio climático. Un total de 1500 innovaciones que han servido para hacer frente a los principales retos globales.

Hasta la década de 1960, las computadoras eran máquinas gigantes, formadas por miles de tubos de vacío sedientos de energía. Gracias a la misión del Apolo 11, se desarrollaron los circuitos impresos, predecesores del microchip, es decir la llamada "computación de estado sólido" y los transistores que hicieron posible miniaturizar la tecnología para adaptarla a una nave espacial.

Otros importantes desarrollos de esta larga lista son la tecnología de iluminación LED, los purificadores de agua, los alimentos liofilizados (sin refrigeración), sistemas de diálisis, las zapatillas deportivas para mejorar la absorción del impacto y resistencia, las mantas isotérmicas, el aislamiento térmico de vehículos y viviendas, las herramientas sin cables, el GPS (Global Positioning System), etc.

En 1971 nace el correo electrónico y cambia la manera de comunicarse, tanto en facilidad como en velocidad de transmisión.

En este siglo, surge el Existencialismo que propone que la existencia del hombre está por encima de su esencia.

La tecnología, desarrollada principalmente con fines militares, tuvo en esta etapa por objeto la protección de las personas y los territorios, así como la mejora de la coexistencia social. La mayoría de los desarrollos se centran en la mejora de la calidad de vida de las personas y en su seguridad y confort.

6.6 La tecnología como medio de mejora del ser humano y de su entorno

El siglo XXI se inició con una bajada de temperaturas a partir del 2006 y un incremento progresivo y acelerado a partir del 2009, con los mayores incrementos registrados hasta la fecha a partir del 2017. Esta alarmante alteración del clima, conocida como el cambio climático, marca la agenda y las preocupaciones de la civilización humana a inicios de este siglo.

Desde inicios del siglo, las Naciones Unidas trabajaron para la realización de una agenda pensada y planteada para y por las personas, donde el medio ambiente tiene especial relevancia como contexto del ecosistema en el que coexiste, sin dar mayor importancia a otras especies.

El siglo empezó con una población en torno a los 6.000 millones de personas, alcanzando los 7.000 millones en 2017. Esta concentración de personas a nivel mundial significó un consumo energético de cerca de 1.500 billones de calorías energéticas y un consumo de 60 billones de dólares en bienes y servicios.

Las ciudades no son capaces de abastecer y proveer de recursos a los ciudadanos que en ellas viven, lo que llevó a repensar las ciudades y al surgimiento de ciudades más eficientes en la gestión de energía, residuos y servicios para sus ciudadanos, llamadas Smart Cities (o ciudades inteligentes) y, posteriormente, a plantear la necesidad de hacer territorios enteros resilientes, lo que se conoce como territorios y ciudades sostenibles.

En 2008, la crisis financiera global provocó la falta de confianza en el sistema económico y en la banca.

El pensamiento global de la sociedad se centró en los derechos y libertades del ser humano. Incluso aquellos países menos adelantados en materia de progreso iniciaron su camino hacia la reducción de la brecha social. Un ejemplo importante de este hecho se encuentra en la Primavera Árabe (entre 2010 y 2013) en la que se iniciaron numerosas manifestaciones luchando por los derechos civiles que tuvieron su origen en Túnez, pero abarcaron todo el Estado Islámico. Durante las movilizaciones, la población se valió de Internet y de los teléfonos móviles para manifestarse y combatir por sus derechos.

Las Naciones Unidas elaboraron diferentes agentas para hacer frente a los retos globales, inicialmente con la Agenda 21, que partía de la cumbre de Río en 1992, de la que se extraen dos importantes reflexiones de dicha cumbre: "Los seres humanos constituyen el centro de las preocupaciones relacionadas con el desarrollo sostenible. Tienen derecho a una vida saludable y productiva en armonía con la naturaleza" y "Los Estados deberán cooperar con espíritu de solidaridad mundial para conservar, proteger y restablecer la salud y la integridad del ecosistema de la Tierra".

En Río 2012, 20 años después, se elaboró el documento "El futuro que queremos". La Conferencia estuvo centrada en dos temas: economía verde en el contexto del desarrollo sostenible y erradicación de la pobreza; y el marco institucional necesario para el desarrollo sostenible.

En el año 2000, en la Cumbre del Milenio, las Naciones Unidas desarrollaron un plan basado en ocho pilares, llamados los Objetivos de Desarrollo del Milenio, también conocidos como Objetivos del Milenio (ODM), y que constituían son ocho propósitos de desarrollo humano (que incluían 21 metas y 60 indicadores) que los 189 países miembros de las Naciones Unidas acordaron conseguir para el año 2015, destinados a los países en desarrollo y centrados en reducir la pobreza extrema. En 2015 se emitió el informe final con los resultados alcanzados. Los logros fueron significativos, pero no se alcanzaron todos los objetivos propuestos, siendo los ámbitos más críticos la desigualdad de género y económica, el cambio climático y la generación de conflictos.

En 2015, los países del mundo adoptaron la Agenda 2030 para el Desarrollo Sostenible y sus 17 Objetivos de Desarrollo Sostenible. Sucesores de los artiguos Objetivos de Desarrollo del Milenio, los ODS reúnen varias diferencias, entre ellas una muy importante, el papel protagonista que otorga Naciones Unidas a las empresas en particular a la hora de alcanzar su consecución. o para movilizar al colectivo global.

El hecho de hacer recaer sobre las empresas y no sobre los gobiernos el peso del cumplimiento de estos objetivos denotaba dos importantes claves: la primera, que la velocidad de acción de los gobiernos no parecía estar a la altura de las necesidades sociales y globales; la segunda, que las empresas habían adquirido el papel relevante y líquido para movilizar al colectivo global.

A nivel mundial, el descontento con la gobernanza era más que notable, lo que provocó un resurgimiento y aumento de los nacionalismos y los extremismos, como manifestación de la falta de liderazgo institucional.

Las nuevas tecnologías permitían a los ciudadanos no sólo información de primera mano sino también manifestación directa de opinión. Las redes sociales como foro de comunicación, así como otras plataformas de ciberacción, permitieron a la ciudadanía de a pie y a ciudadanos desconocidos y de cualquier clase y ámbito darle voz y participar en la toma de decisión y acción social.

El individuo cobra especial relevancia y adquiere poder individual y único.

La aparición y el desarrollo de tecnologías como la Inteligencia Artificial y la Robótica, que surgieron en el siglo XX, pero no tuvieron connotación fuera del ámbito industrial hasta el siglo XXI, provocaron un replanteamiento total de la visión de individuo. Mientras que el individuo fuera capaz de demostrar su valía y la imposibilidad de automatizar su aportación en el trabajo y/o en la vida, era irremplazable y tenía valor. Pero si la aportación individual podía ser replicada por una máquina, e incluso mejorada, el individuo perdía su valor y volvía a la oscuridad.

El dilema de la sustitución del humano por la máquina obligó a replantear un nuevo escenario a todos los niveles, dado que la especie humana podía caer fuera de la cúspide de dominio de las especies en la Tierra.

En el camino de la búsqueda de replicar al ser humano con máquinas y del estudio de la mente y del cuerpo, aparecen las tecnologías destinadas a mejorar y a aumentar las capacidades del ser humano.

Este hecho se asimila al hecho acaecido hace cerca de 70.000 años es cuando se produce la revolución cognitiva. Modificar el código genético e incluso introducir mejoras en la especie significaba la posibilidad de crear una especie avanzada al Homo

Sapiens, lo que podría implicar la extinción masiva del resto de competidores de una especie inferior que no pudiera alcanzar esta mejora, como sucedió entre Homo Sapiens y el resto de las especies homínidas como el Homo Erectos, Homo Florensis, Homo Neandertal, etc.

La tecnología en este inicio de siglo se plantea como un elemento de conocimiento y de mejora en la salud y las capacidades de la especie, tratando de cubrir desde las necesidades más básicas hasta proveer de cualidades excepcionales y únicas al individuo. La tecnología es usada para obtener información (sensar, analizar, monitorizar) y para dar soporte en la toma de decisión.

7. Conocimiento y adaptación de la tecnología en la actualidad. Análisis de campo (muestreo 2017 - 2019)

Una vez evaluado el impacto de la tecnología en la historia del desarrollo humano y su implicación social y en la mente del ser humano, cabe evaluar el conocimiento actual y las posibles tendencias de uso de las tecnologías más impactantes evaluadas en el presente estudio para tratar de determinar el arraigo y desarrollo real que pueden llegar a tener, partiendo de la hipótesis de que el ser humano plantea dos caminos posibles: la adaptación y aceptación del elemento o el rechazo de este.

Si bien se han presentado ejemplos de uso, así como los más recientes avances científico-técnicos, debe tenerse presente que, a pesar de que algunos puedan ver el enorme potencial o el gran riesgo de una tecnología no significa que la sociedad la adapte y acepte y, por tanto, progrese y madure.

Si se toma de referencia el Hype Cycle de Tecnologías Emergentes de Gartner, que es una representación gráfica de la madurez, adopción y aplicación comercial de tecnologías específicas, y que es publicado anualmente, se observará, fácilmente, que no todas las tecnologías progresan y son utilizadas a pesar de la aportación prevista para los usuarios y para la sociedad en general.

Para la elaboración del presente análisis se ha llevado a cabo un muestreo en el que se ha tenido especial atención a la observación de posibles condicionantes de sexo, genero, edad o estatus social y económico. A pesar de tratarse de un muestreo realizado en ámbito geográfico España, se ha llevado a cabo una encuesta de valoración de la manera más heterogénea posible. Se ha procedido al estudio del uso y conocimiento de las tecnologías tanto en ámbito laboral como en el ámbito personal, para uso propio. Debido a la heterogeneidad del muestreo, se dispone de más encuestas de personas que usan tecnología en ámbito personal que en el laboral, debido a que todas las personas encuestadas hacen uso de la tecnología para su vida privada pero no todas disponen de empleo donde utilizarlas.

A partir de los datos obtenidos se ha tratado de conocer:

1) Cuál es el grado de adaptación de las tecnologías, cuáles están más arraigadas y conocidas y cuáles están aún en un estadio inmaduro para el conocimiento y uso general.
2) Qué tecnologías aún en fase de madurez son, actualmente, conocidas y cuáles no tanto.
3) Qué tecnologías aún en fase de madurez son, actualmente, deseadas, aunque no se disponga de ellas.

A partir de estos datos se concluirá una hipótesis de qué tecnologías acabarán siendo, con mayor probabilidad, utilizadas por la sociedad y, por tanto, serán más susceptibles de impactar en el comportamiento humano. En este último estadio, se preverá cuál es este impacto.

7.1 Recopilación de datos

En el anexo I se puede observar la encuesta realizada y su contenido, con el que se ha procedido a la valoración cuantitativa de los datos a fin de obtener un mapeo de arraigo de la tecnología en la actualidad y una valoración cualitativa de cómo puede estar impactando.

A partir de los datos obtenidos en los que se tienen en cuenta variables de sexo, género, edad y nivel económico, se observa que no existen grandes diferencias en las preferencias de uso de las tecnologías con pequeñas excepciones, tales como las de acceso a uso de algunas tecnologías más orientadas a gestión y producción, obteniéndose en las más generales puntuaciones muy similares con independencia de estas variables. Se comprueba el impacto de otras variables en el uso y opinión acerca de las nuevas tecnologías observando una diferencia no significativa.

7.2 Análisis de datos

7.2.1 Uso de la tecnología en el entorno laboral

A partir de los datos recopilados, se observan los siguientes aspectos relativos al uso de la tecnología en el entorno de trabajo:

Total de muestras: 179

Mujeres: 61

Hombres: 118

	NO NECESARIA					UTILIZADA					
	Hombres		Mujeres		Total		Hombres		Mujeres		Total	
Teléfono móvil (smartphone)	0,02	2	0,05	3	**0,03**	5	0,98	116	0,95	58	**0,97**	174
Tablets (Ipad, etc)	0,31	37	0,39	24	**0,34**	61	0,58	69	0,54	33	**0,57**	102
Ordenador conectado a internet	0,03	4	-	-	**0,02**	4	0,97	114	1,00	61	**0,98**	175
Cloud Computing	0,13	15	0,11	7	**0,12**	22	0,68	80	0,59	36	**0,65**	116
Wearables (smartwatch, pulseras u otros gadgets)	0,54	64	0,67	41	**0,59**	105	0,40	47	0,18	11	**0,32**	58
Gafas de Realidad Virtual	0,81	95	0,85	52	**0,82**	147	0,07	8	0,03	2	**0,06**	10
Aplicaciones de realidad aumentada	0,69	82	0,77	47	**0,72**	129	0,11	13	0,11	7	**0,11**	20
Robots asistenciales o colaborativos	0,77	91	0,69	42	**0,74**	133	0,08	10	0,07	4	**0,08**	14
Impresora 3D	0,76	90	0,79	48	**0,77**	138	0,09	11	0,07	4	**0,08**	15
Sistemas inmóticos (Smart Building)	0,28	33	0,30	18	**0,28**	51	0,42	50	0,28	17	**0,37**	67
IoT o IIoT (internet de las cosas)	0,33	39	0,38	23	**0,35**	62	0,29	34	0,18	11	**0,25**	45
Scada o BMS	0,33	39	0,36	22	**0,34**	61	0,31	37	0,05	3	**0,22**	40
Blockchain	0,31	37	0,31	19	**0,31**	56	0,34	40	0,11	7	**0,26**	47
Inteligencia artificial	0,38	45	0,39	24	**0,39**	69	0,27	32	0,11	7	**0,22**	39
Big Data	0,33	39	0,23	14	**0,30**	53	0,42	50	0,30	18	**0,38**	68

	NO DISPONIBLE PERO DESEADA						NO CONOCIDA					
	Hombres		Mujeres		Total		Hombres		Mujeres		Total	
Teléfono móvil (smartphone)	-	0	-	0	-	0	-	0	-	0	-	0
Tablets (Ipad, etc)	0,10	12	0,07	4	0,09	16	-	0	-	0	-	0
Ordenador conectado a internet	-	0	-	0	-	0	-	0	-	0	-	0
Cloud Computing	0,01	1	0,10	6	0,04	7	0,19	22	0,20	12	0,19	34
Wearables (smartwatch, pulseras u otros gadgets)	0,05	6	0,13	8	0,08	14	0,01	1	0,02	1	0,01	2
Gafas de Realidad Virtual	0,10	12	0,11	7	0,11	19	0,03	3	-	0	0,02	3
Aplicaciones de realidad aumentada	0,14	16	0,10	6	0,12	22	0,06	7	0,02	1	0,04	8
Robots asistenciales o colaborativos	0,08	10	0,20	12	0,12	22	0,06	7	0,05	3	0,06	10
Impresora 3D	0,12	14	0,11	7	0,12	21	0,03	3	0,03	2	0,03	5
Sistemas inmóticos (Smart Building)	0,25	29	0,36	22	0,28	51	0,05	6	0,07	4	0,06	10
IoT o IIoT (internet de las cosas)	0,22	26	0,31	19	0,25	45	0,16	19	0,13	8	0,15	27
Scada o BMS	0,08	9	0,10	6	0,08	15	0,28	33	0,49	30	0,35	63
Blockchain	0,11	13	0,21	13	0,15	26	0,24	28	0,36	22	0,28	50
Inteligencia artificial	0,16	19	0,28	17	0,20	36	0,19	22	0,21	13	0,20	35
Big Data	0,14	16	0,26	16	0,18	32	0,11	13	0,21	13	0,15	26

Donde se observa mayor diferencia entre hombres y mujeres es en el caso del uso de tecnologías de gestión de edificio, propias de mantenimiento (Sistemas inmóticos, IoT y Scada) y en las de análisis técnico y seguridad (Blockchain e Inteligencia Artificial). En este segundo caso no se da con Big Data dado que esta tecnología es muy utilizada en investigación.

En el caso concreto de sistemas de control de edificio (inmótica e IoT) se observa un mayor interés de uso en el cado de mujeres que en el de hombres, debido al no acceso a su uso.

También hay una menor intención de uso, así como de uso, de las tecnologías ponibles (wearables) en el caso de mujeres que en el de hombres, principalmente por el hecho de que, actualmente, estas tecnologías se asocian mucho a relojes inteligentes (smart watches) y pulseras inteligentes, que juegan más un papel de mayor status que de su uso como sensor.

Puede observarse que las tecnologías más maduras y comunes, como el caso del ordenador personal (0.98) o el teléfono móvil de última generación (0.97 uso), son herramientas esenciales de gran absorción por parte de la muestra estudiada.

En un segundo grado de adopción se encuentran otras tecnologías de cálculo y comunicación personal y portátil como las tabletas gráficas (0.57 uso) y de uso compartido y cooperativo, como el cloud computing (0.65 uso), lo que sugiere una tendencia a la compartición de información entre grupos y a la deslocalización del trabajo.

En el otro extremo, se observa que las tecnologías inmersivas como la realidad virtual (0.81 no necesaria) o la realidad aumentada (0.72 no necesaria) no tienen demasiada aceptación en el ámbito laboral.

La asistencia individual mediante robots (0.77 no necesaria) tampoco tiene aceptación en el ámbito profesional. Igualmente sucede con las tecnologías de soporte productivo como impresoras 3D (0.76 no necesaria).

También es relevante la no necesidad de uso de wearables (0.59 no necesaria) para el uso profesional.

7.2.2 Uso de la tecnología en el ámbito personal

A partir de los datos recopilados, se observan los siguientes aspectos relativos al uso de la tecnología en el ámbito personal:

Total de muestras: 219

Mujeres: 84

Hombres: 135

	NO NECESARIA						UTILIZADA					
	Hombres		**Mujeres**		**Total**		**Hombres**		**Mujeres**		**Total**	
	%	N	%	N	%	N	%	N	%	N	%	N
Teléfono móvil (smartphone)	-	0	-	0	-	0	0,99	133	0,98	82	0,98	215
Tablets (ipad, etc)	0,26	35	0,24	20	0,25	55	0,67	91	0,61	51	0,65	142
Ordenador personal conectado a internet	0,08	11	0,02	2	0,06	13	0,91	123	0,92	77	0,91	200
Consola de videojuegos	0,67	90	0,74	62	0,69	152	0,28	38	0,14	12	0,23	50
Smart TV (considerando los servicios digitales)	0,19	26	0,17	14	0,18	40	0,68	92	0,61	51	0,65	143
Wearables (smartwatch, pulseras u otros gadgets)	0,49	66	0,46	39	0,48	105	0,39	53	0,27	23	0,35	76
Equipos portátiles audio o video (MP3, DVD portátil, etc)	0,32	43	0,27	23	0,30	66	0,61	83	0,65	55	0,63	138
E-book	0,38	51	0,36	30	0,37	81	0,49	66	0,48	40	0,48	106
Gafas de Realidad Virtual	0,75	101	0,69	58	0,73	159	0,07	10	0,02	2	0,05	12
Robots	0,73	98	0,48	40	0,63	138	0,14	19	0,21	18	0,17	37
Impresora 3D	0,78	105	0,73	61	0,76	166	0,04	6	0,02	2	0,04	8
Asistente de voz (Alexa, Siri, etc)	0,50	67	0,39	33	0,46	100	0,39	52	0,43	36	0,40	88
Sistema de navegación (GPS, Google maps, etc)	0,01	2	0,06	5	0,03	7	0,96	130	0,88	74	0,93	204
Coche autónomo	0,64	86	0,50	42	0,58	128	0,05	7	0,07	6	0,06	13
Sistemas domóticos (Smart Home)	0,30	40	0,33	28	0,31	68	0,36	48	0,15	13	0,28	61
IoT (internet de las cosas)	0,32	43	0,35	29	0,33	72	0,28	38	0,18	15	0,24	53
Electrodomésticos inteligentes	0,25	34	0,25	21	0,25	55	0,38	51	0,38	32	0,38	83
Pantallas táctiles, móvil, tablets	0,07	10	0,08	7	0,08	17	0,79	107	0,86	67	0,79	174
Contadores energéticos inteligentes	0,31	42	0,23	19	0,28	61	0,34	46	0,32	27	0,33	73

	NO DISPONIBLE PERO DESEADA						NO CONOCIDA					
	Hombres		Mujeres		Total		Hombres		Mujeres		Total	
Teléfono móvil (smartphone)	0,01	2	0,01	1	0,01	3	-	0	0,01	1	0,00	1
Tablets (Ipad, etc)	0,07	9	0,10	8	0,08	17	-	0	0,06	5	0,02	5
Ordenador personal conectado a internet	0,01	1	0,02	2	0,01	3	-	0	0,04	3	0,01	3
Consola de videojuegos	0,04	5	0,02	2	0,03	7	0,01	2	0,10	8	0,05	10
Smart TV (considerando los servicios digitales)	0,11	15	0,13	11	0,12	26	0,01	2	0,10	8	0,05	10
Wearables (smartwatch, pulseras u otros gadgets)	0,06	8	0,14	12	0,09	20	0,06	8	0,12	10	0,08	18
Equipos portátiles audio o video (MP3, DVD portátil, etc)	0,05	7	0,02	2	0,04	9	0,01	2	0,05	4	0,03	6
E-book	0,08	11	0,06	5	0,07	16	0,05	7	0,11	9	0,07	16
Gafas de Realidad Virtual	0,12	16	0,14	12	0,13	28	0,06	8	0,14	12	0,09	20
Robots	0,07	10	0,19	16	0,12	26	0,06	8	0,12	10	0,08	18
Impresora 3D	0,15	20	0,14	12	0,15	32	0,03	4	0,11	9	0,06	13
Asistente de voz (Alexa, Siri, etc)	0,07	10	0,07	6	0,07	16	0,04	6	0,11	9	0,07	15
Sistema de navegación (GPS, Google maps, etc)	-	0	-	0	-	0	0,02	3	0,06	5	0,04	8
Coche autónomo	0,23	31	0,30	25	0,26	56	0,08	11	0,13	11	0,10	22
Sistemas domóticos (Smart Home)	0,30	41	0,37	31	0,33	72	0,04	6	0,14	12	0,08	18
IoT (internet de las cosas)	0,25	34	0,20	17	0,23	51	0,15	20	0,27	23	0,20	43
Electrodomésticos inteligentes	0,31	42	0,27	23	0,30	65	0,06	8	0,10	8	0,07	16
Pantallas táctiles, móvil, tablets	0,10	14	0,07	6	0,09	20	0,03	4	0,05	4	0,04	8
Contadores energéticos inteligentes	0,19	26	0,21	18	0,20	44	0,16	21	0,24	20	0,19	41

En el caso de tecnología aplicada en el ámbito personal no existen diferencias importantes entre mujeres y hombres.

Como sucede en el caso de uso de la tecnología laboral, puede observarse que las tecnologías más maduras y comunes, como el caso del ordenador personal (0.91 uso) o el teléfono móvil de última generación (0.98 uso), son las tecnologías más utilizadas y adaptadas.

Las pantallas táctiles de móviles y tabletas (0.79 uso) son elementos de uso preferencial

Es también relevante el uso de equipos de entretenimiento como las tabletas (0.65 uso), las Smart TV (0.65 uso) y los equipos portátiles de audio o video (0.63 uso).

En el otro extremo, se observa que las tecnologías inmersivas como la realidad virtual (0.73 no necesaria) no tienen demasiada aceptación en el uso personal. Igualmente sucede con las tecnologías de soporte productivo como impresoras 3D (0.76 no necesaria).

Otras tecnologías con bajo grado de adaptación son los robots de uso asistencial (0.63 no necesaria), las consolas de juegos (0.69 no necesaria) y los vehículos autónomos (0.58 no necesaria).

7.3 Hipótesis del impacto

A partir de estos datos es posible realizar una hipótesis de cuál está siendo el impacto de la tecnología en el modelo de pensamiento actual.

Se observan las siguientes tecnologías relevantes:

- En el trabajo:

- Telefonía móvil inteligente (smartphones) (0,98)
- Ordenadores personales conectados a internet (0,97)
- Cloud computing (0,68) (a destacar un importante grado de desconocimiento sobre esta tecnología; 0,19)
- Tablets (0,58)
- Inmótica (Smart Building) (0,42) (a destacar un importante grado de interés en su uso; 0,25)
- Big Data (0,42) (a destacar un grado medio de desconocimiento sobre esta tecnología; 0,11)
- Wearables (0,40) (a destacar un importante grado de desinterés; 0,54)
- Blockchain (0,34) (a destacar un importante grado de desconocimiento sobre esta tecnología; 0,24)
- Scada o BMS (0,31) (a destacar un importante grado de interés en su uso; 0,28)
- IoT/IIoT (0,29) (a destacar un importante grado de interés en su uso 0,22)

- En el uso personal:
  - Telefonía móvil inteligente (smartphones) (0,99)
  - Sistema de navegación (GPS, Google maps, etc) (0,67)
  - Ordenadores personales conectados a internet (0,91)
  - Smart TV (0,68)
  - Tablets (0,67)
  - Equipos portátiles de audio o vídeo (0,61)
  - E-book (0,49)
  - Wearables (0,39) (a destacar un importante grado de desinterés; 0,49)

- Asistentes de voz (0,39) (a destacar un importante grado de desinterés; 0,50)
- Electrodomésticos inteligentes (0,38) (a destacar un importante grado de interés en su uso; 0,31)
- Domótica (Smart Home) (0,36) (a destacar un importante grado de interés en su uso; 0,30)
- Contadores inteligentes (0,34) (a destacar un grado medio de desconocimiento sobre esta tecnología; 0,16)
- IoT (0,28) (a destacar un importante grado de interés en su uso 0,25)

Por otra parte, se observan las siguientes tecnologías que no despiertan interés:

- En el trabajo:
  - Gafas de Realidad Virtual (0,81)
  - Robots (0,77)
  - Impresión 3D (0,76)
  - Aplicaciones de Realidad Aumentada (0,76)
  - Wearables (0,54) (a destacar un importante grado de uso; 0,40)

- En el uso personal:
  - Impresión 3D (0,78)
  - Gafas de Realidad Virtual (0,75)
  - Robots (0,73)
  - Consolas de videojuegos (0,67)
  - Coches autónomos (0,64) (a destacar un grado medio de interés; 0,23)
  - Asistentes de voz (0,50) (a destacar un importante grado de uso; 0,39)
  - Wearables (0,49) (a destacar un importante grado de uso; 0,39)

A partir de estos datos es posible plantear una visión de impacto en el comportamiento atendiendo a las características de funcionamiento y uso de estas tecnologías:

Tecnologías ámbito laboral	Impacto en el modelo de pensamiento	Hipótesis de cambio
Comunicación móvil (smartphone, tablets), internet (ordenador) y en la nube.	- Conexión constante (nunca solos) - Inmediatez en la comunicación - Prioriza el pensamiento social - Prioriza el aprendizaje social - Uso de la red como memoria transactiva - Aumento de la participación en grupo a través de internet - Aumento de la autoestima a través de las redes. - Posibilidad de conectar con cualquiera en cualquier momento y ofrecer opinión	- Se vuelve difícil regular las emociones en el silencio. - Aumento de la ansiedad al silencio - La personalidad propia se ve influida por el grupo - Menor predisposición a la paciencia y a la espera - Razonamiento en grupo y toma de decisión compartida y basada en el pensamiento colectivo - Déficit de la memoria declarativa - Comportamientos grupales - Mayor motivación a la participación colectiva - Aumento de la autopercepción y la autoestima - Alimentación del ego - Nuevos aprendizajes implícitos
Sistemas de control inteligente (Smart Building), IoT, Scada o BMS y Big Data	- Mayor conocimiento del entorno - Interacción con el entorno - Conexión humano-máquina-entorno - Aumento de la participación ciudadana en la acción y toma de decisión - Nuevos modelos de participación y de servicio basados en datos y en el conocimiento inmediato del entorno - Sensación de control constante	- Cambio en la percepción del entorno - Se fuerza la adaptación del entorno al sujeto, reduciendo el esfuerzo de adaptación del sujeto al entorno - Comportamientos grupales - Mayor motivación a la participación colectiva - Modificación del pensamiento social - Cambio en los esquemas mentales - Mayor aprendizaje colectivo
Blockchain	- Aumento de la seguridad en las transacciones de datos (transparencia) - Mayor veracidad de los datos	- Cambio en los esquemas mentales (menor miedo al engaño y mayor predisposición a la interacción en la red) - Motivación a la cooperación en la red

Tecnologías ámbito laboral	Impacto en el modelo de pensamiento	Hipótesis de cambio
		- Mayor predisposición al aprendizaje y pensamiento colectivo
Wearables y Big Data	- Conocimiento del estado propio - Gran cantidad de información útil para la toma de decisión	- Cambio en la autopercepción. - Mayor aprendizaje explícito. - Cambio en los esquemas mentales debido al conocimiento mayor. - Pensamiento social basado en datos.

Tecnologías ámbito personal	Impacto en el modelo de pensamiento	Hipótesis de cambio
Comunicación móvil (smartphone, tablets), internet (ordenador) y en la nube.	- Conexión constante (nunca solos) - Inmediatez en la comunicación - Prioriza el pensamiento social - Prioriza el aprendizaje social - Uso de la red como memoria transactiva - Aumento de la participación en grupo a través de internet - Aumento de la autoestima a través de las redes. - Posibilidad de conectar con cualquiera en cualquier momento y ofrecer opinión	- Se vuelve difícil regular las emociones en el silencio. - Aumento de la ansiedad al silencio - La personalidad propia se ve influida por el grupo - Menor predisposición a la paciencia y a la espera - Razonamiento en grupo y toma de decisión compartida y basada en el pensamiento colectivo - Déficit de la memoria declarativa - Comportamientos grupales - Mayor motivación a la participación colectiva - Alimentación del ego - Nuevos aprendizajes implícitos
Equipos portátiles audio y video, e-books	- Disponer de contenido a gusto del usuario en cualquier momento y lugar - Ausencia de contacto con materias primas que estimulan el tacto. - Memética y símbolos industrializados	- Menor predisposición a la paciencia y a la espera - Menor aceptación a la imposibilidad de disposición en el momento y lugar deseado - Reducción de estímulos sensoriales por canales diferentes al principal de uso del equipo - Ausencia de memética y símbolos particulares y específicos
Sistemas de control inteligente (Smart Home), IoT, electrodomésticos inteligentes, contadores inteligentes	- Mayor conocimiento del entorno - Interacción con el entorno - Conexión humano-máquina-entorno - Sensación de control constante - Conocimiento de relación	- Cambio en la percepción del entorno - Se fuerza la adaptación del entorno al sujeto, reduciendo el esfuerzo de adaptación del sujeto al entorno - Cambio en los esquemas mentales

Tecnologías ámbito personal	Impacto en el modelo de pensamiento	Hipótesis de cambio
	coste-beneficio - Tareas delegadas en máquinas	- Reducción de la capacidad de ejecución de tareas de carácter adaptativo. - Impacto en el aprendizaje significativo
Asistentes de navegación (GPS, Google maps, etc) y de voz	- Facilidad de posicionarse sin necesidad de conocer el entorno - Ejecución de órdenes (posición de poder) - Delegar la necesidad de recordar fechas, acciones, etc en asistente - Delegar decisiones en asistente	- Aumento de la percepción de poder y mando - Reducción de la empatía - Alteración de la memoria declarativa - Alteración de la memoria emocional - Impacto en el aprendizaje memorístico - Alteración de esquemas mentales
Wearables	- Conocimiento del estado propio	- Cambio en la autopercepción. - Cambio en los esquemas mentales debido al conocimiento mayor.

Las hipótesis planteadas se basan en el posible impacto en el pensamiento, que se verá reforzado o minimizado en base a la proliferación y consolidación de otras tecnologías y a las dinámicas sociales llevadas a cabo a favor o en contra de la adaptación de las tecnologías presentadas y de otras tecnologías o avances científico-técnicos como los evaluados en la presente tesis.

El presente estudio plantea posibles escenarios e impactos de estas tecnologías y avances científico-técnicos, así como los posibles escenarios particulares en base a las tecnologías que, actualmente, se encuentran más comúnmente adaptadas y aceptadas. Sin embargo, una disrupción importante puede modificar dichos impactos.

8. Conclusiones

La especie humana ha orientado sus esfuerzos en su supervivencia, su perpetuación como especie y su bienestar como individuos de la especia. Una vez cubiertos estos objetivos básicos, existen otra serie de necesidades relacionadas con la autorrealización, el reconocimiento, el poder, el control, el conocimiento y tantos otros intereses diferentes en función de las diferentes personalidades.

Desde el inicio de su existencia, los seres humanos han tratado de asegurar los objetivos básicos de su existencia y han ido evolucionando con la esperanza de cubrir las necesidades secundarias, moldeando su comportamiento y su pensamiento en base al éxito cosechado. La tecnología ha jugado un papel clave en ello. Las primeras sociedades cazadoras y recolectoras evolucionaron a partir de la revolución cognitiva utilizando las tecnologías como herramientas en la búsqueda de nuevos entornos y recursos. Esto permitió que el ser humano consiguiera adecuarse al entorno. Las nuevas capacidades adquiridas por la especie humana influyeron en su manera de comportarse y de entender el entorno.

Más adelante, con la revolución agrícola, el ser humano consiguió asentarse dentro del entorno. Las tecnologías sirvieron de herramientas para esta adecuación del entorno al ser humano. Esto provocó una nueva distribución social que influyó en la evolución del pensamiento acorde a las nuevas reglas y hábitos.

Tras la revolución científica, el ser humano llegó a una fase de descubrimiento en la que la tecnología es utilizada como herramienta para el estudio, investigación, formulación de hipótesis y contrastación. El ser humano adquiere una nueva percepción del mundo que le rodea, provocando una nueva evolución en sus corrientes de pensamiento orientadas al conocimiento propio y del entorno.

La revolución industrial trajo la era del progreso, en la que la tecnología pasa a sustituir al ser humano en ciertas tareas de fuerza. Este nuevo escenario aporta al ser humano una nueva perspectiva y un nuevo marco en el que el individuo pasa a tener valor por sus capacidades cognitivas y no tanto por sus cualidades puramente físicas. Surgen nuevas clases sociales, lo que fuerza a nuevas corrientes de pensamiento.

La denominada revolución digital o era digital da paso a la era de las comunicaciones. Las tecnologías son herramientas esenciales para la distribución del conocimiento, el intercambio y la comunicación global. Esta apertura del mundo se ve apoyada por las nuevas maneras de comunicarse y la facilidad de acceso a la información, lo que provoca una nueva visión global del mundo y nuevas teorías del pensamiento.

Esta evolución histórica del pensamiento ha marcado el paso de las formaciones sociales tales como el primitivismo, feudalismo, esclavismo, imperialismo, fascismo, comunismos, socialismo, capitalismo, etc. La actual visión mundial de la batalla del liberalismo, como corriente estrella y principal, y el comunismo parecía tener un claro final.

Sin embargo, estas teorías son más herramientas inventadas por el ser humano, irreales, que tratan de ayudarle a gestionar el entorno. Por ello, cada vez que una de estas teorías entraba en conflicto con los esquemas de pensamiento y las necesidades humanas, se desmoronaba y era sustituida por una teoría más adaptada el contexto.

El actual liberalismo se tambalea y está provocando el resurgir de antiguas teorías, como los nacionalismos, el fascismo y el resurgir de un comunismo renovado. Las viejas teorías socioeconómicas no sirven para explicar la hoja de ruta actual y, por supuesto, lideradas por la política, no han conseguido incorporar las nuevas tecnologías en su agenda, lo que acrecienta el malestar ante la presión de la necesidad y de la oportunidad evolutiva y la poca apertura hacia su consecución.

La actual denominada cuarta revolución industrial es la era en que la tecnología está promoviendo una nueva evolución de la especie en la que no sólo el individuo se adapta al entorno, sino que el propio entorno también se adapta al individuo. Anteriormente, el ser humano ya adaptó el entorno a sus necesidades, pero de una manera más global. Ahora se interactúa con el entorno como parte del propio organismo. Esto está provocando una nueva evolución de la especie que provocará una nueva manera de entender el entorno y, por tanto, de adquirir estructuras mentales que representen este entorno y de interactuar con él.

La tecnología es la herramienta creada por la especie humana para la consecución de sus objetivos, pero no siempre se han utilizado adecuadamente. "Los humanos siempre han sido mucho más duchos en inventar herramientas que en usarlas sabiamente" (Yuval Noah).

Las actuales tecnologías pueden llevar al ser humano a un camino sin retorno en el que deje atrás los vestigios de sus ancestros.

La singularidad tecnológica, como mayor impacto, puede alterar el curso de la vida como la conocemos e incluso incorporar nuevos escenarios de pensamiento, propios de la realidad social actual y los nuevos retos a los que la sociedad se enfrenta.

Sin embargo, antes de que esto suceda, lo más probable es que la sociedad evolucione adaptándose al nuevo uso de estas tecnologías actuales que, en su mayor medida, llevan a una sociedad más cooperativa, que no necesariamente colaborativa, atendiendo al concepto de que cooperar es obrar individualmente en una estructura conjunta para lograr un objetivo, principalmente propio, mientras que colaborar es trabajar en equipo o en conjunto para lograr un objetivo, principalmente común.

La visión, lejos de la futurista descripción de los medios de prensa, apunta a una sociedad más digital, que aprovecha las tecnologías como herramientas, principalmente para compartir pensamientos e información, y cuya finalidad es la de mejorar su estado actual y/o mantener su estatus económico y social con la intención de mejorarlo. Cualquier acción orientada a esta mejor calidad de vida y aprobación del colectivo, por otra parte, objetivo común de nuestros antepasados, ha pasado a un plano de mayor autoconocimiento gracias a la tecnología y, por tanto, de mayor poder en la toma de acción y de decisión, tanto propia como social.

Este interés por escalar en la pirámide de necesidades lleva a la desposesión de características anteriormente necesarias para la adaptación y supervivencia, tales como la necesidad de conocimiento del entorno, la capacidad de lectura del otro, la capacidad de anticiparse al otro, la capacidad de memorizar información relevante para la toma rápida de decisión.

La potencia de cálculo que brinda ahora la tecnología y de la acción inmediata está llevando al uso de tecnologías que compensan déficits cognitivos, en lugar de trabajar su compensación propia, para luego anular estas capacidades y sustituirlo por una herramienta (tecnología).

Si la revolución industrial llevó a la ayuda física y luego a la sustitución de la fuerza física en algunos casos, la actual revolución puede llevar a la ayuda cognitiva y a la posterior sustitución, con el consiguiente riesgo que ello supone para la especie humana, cuyo mayor valor y diferencia a favor sobre otras especies se basa, precisamente, en esta característica.

Esta sustitución lleva al transhumanismo, aun débil y lejano por el miedo y rechazo a perder la humanidad. Aun así, la sustitución de funciones exige la incorporación de herramientas al humano, integradas o acopladas, con el objetivo de adaptarse al medio.

Finalmente, conviene tener presente la posibilidad de que otras disrupciones puedan acelerar el proceso transhumanista o lo desplacen a un nuevo escenario en un proceso evolutivo orientado a la adaptación a un nuevo entorno cambiante y sujeto a grandes riesgos que empujan a una adaptación resiliente selectiva o a una extinción masiva.

Antes, la sociedad debe ser capaz de entender y utilizar la tecnología existente de una manera racional. La incapacidad de hacer uso adecuado de las tecnologías, incluso otorgando un poder ilimitado a tecnologías para la toma de decisión y de acción, como el que puede adquirir la inteligencia artificial, puede suponer esta extinción masiva.

La aparición de una sociedad incapaz de usar la tecnología, totalmente improductiva e inadaptable puede suponer una crisis sin precedentes en la historia de la especie y un motivo para el exterminio parcial. Una clase evolucionada puede interpretar es clase inferior como una especie diferente por domesticar o eliminar. Igualmente, un hipotético ente superior basada en inteligencia artificial no motivada para el exterminio puede llegar a igual conclusión acerca de la domesticación de la especie inferior, tal como nuestra especie hace en la actualidad con el resto de las especies con las que comparte el hábitat.

ANEXO I. ENCUESTA DE ESTUDIO

DATOS SOCIODEMOGRÁFICOS COMPLEMENTARIOS

La información que aquí te solicito es sólo para afinar y depurar en las conclusiones obtenidas en las preguntas que te haré más adelante sobre el uso de tecnología.

Aunque la encuesta es confidencial (como habrás visto no te he pedido en ningún momento nombre, mail o cualquier otro dato que permita identificarte), si, aun así, no te sientes cómodo/a respondiendo alguna pregunta, solo debes elegir NO DESEO DAR ESTE DATO.

Te agradezco muchísimo tu ayuda. Si quisieras conocer resultados globales o saber más sobre este estudio de doctorado sólo tienes que enviarme un mail a scolado@nechigroup.com diciéndome que te envíe la información que deseas. Tan pronto la tenga elaborada, la compartiré contigo en señal de agradecimiento.

Principio del formulario

1. ¿Cuál es tu sexo?
- ⃝ Masculino
- ⃝ Femenino

2. ¿Cuál es tu orientación sexual?
- ⃝ Heterosexual
- ⃝ Gay
- ⃝ Lesbiana
- ⃝ Bisexual
- ⃝ No quiero responder a esta pregunta

3. ¿En qué año naciste?
- ○ antes de 1930
- ○ entre 1931 y 1948
- ○ entre 1949 y 1968
- ○ entre 1969 y 1980
- ○ entre 1981 y 1993
- ○ entre 1994 y 2010
- ○ después de 2010

4. ¿Cuál es tu estado civil actual?
- ○ Casado/a
- ○ Pareja de hecho
- ○ Viudo/a
- ○ Divorciado/a
- ○ Separado/a
- ○ Soltero/a

5. ¿Cuál es el nivel de educación más alto que obtuviste? (puedes seleccionar varias opciones y al menos una opción)
- ☐ Escuela primaria
- ☐ Escuela secundaria
- ☐ Bachillerato, formación profesional o grado
- ☐ Diploma universitario
- ☐ Licenciatura universitaria
- ☐ Master, postgrado
- ☐ Doctorado
- ☐ Ninguno

6. Teniendo en cuenta tu conocimiento de la tecnología actual, ¿cómo la percibes?

○ Extremadamente compleja (me es imposible seguir el ritmo y me siento lejos de poder conseguir usar incluso las tecnología de uso más habitual)

○ Compleja (el ritmo de avances es muy alto y, aunque me cuesta, voy consiguiendo usar al menos las más tecnologías comunes que todo el mundo tiene)

○ Moderadamente compleja (hay muchos avances pero me siento cómodo/a con todo lo nuevo que llega)

○ Simple (tengo la tecnología nueva muy controlada y no me cuesta usar incluso lo último de lo último, casi podría decirse que soy un/a friki de la tecnología)

7. ¿Cuánta gente vive en tu casa?

○ Vivo sólo/a

○ Vivo en pareja

○ Vivo con compañeros de piso (estudiantes o similar)

○ Vivimos un solo padre/madre con uno o más niños

○ Vivimos una pareja y con uno o más niños

8. Aproximadamente ¿cuál es el ingreso anual de tu hogar?

○ 0-24,999 €

○ 25,000-49,999 €

○ 50,000-99,999 €

○ 100,000-174,999 €

○ 175,000 € en adelante

○ No deseo dar este dato

9. ¿Cuál de las siguientes opciones describe mejor tu situación laboral actual?

○ Empleo tiempo completo

- ◯ Empleo jornada parcial
- ◯ Desempleado/Estudiante, en busca de trabajo
- ◯ Desempleado/Estudiante, no busco trabajo
- ◯ Retirado

Final del formulario

USO DE LA TECNOLOGÍA EN SI TIEMPO LIBRE

En esta sección quiero conocer el uso diario en tu ámbito doméstico que haces de la tecnología. Si alguna de las tecnologías que te presento no las conoces, elige NO LA CONOZCO. Si, por contra, la conoces o has oído hablar de ella, pero no la usas si la tienes o no la comprarías si no la tienes porque no la consideras útil elige NO LA NECESITO. Si no la usas, pero la conoces y te gustaría usarla, pero aún no has tenido oportunidad elige NO LA TENGO PERO LA QUIERO.

En cuanto al uso, y teniendo en cuenta que dispones de ella, elige entre las opciones de POCO USO, BASTANTE USO, o bien, si no puede vivir si ella, elige IMPRESCINDIBLE.

Verás que detrás de estas respuestas globales siempre hay un descriptivo entre paréntesis que te ayuda a entender mejor cómo interpretarlas.

10. Si hablamos de conectividad en mi tiempo libre sobre el uso que le doy (por ejemplo en redes sociales, ver vídeos o películas, mensajería instantánea, jugar, navegar por internet), puedo decir sobre estas tecnologías:

	NO LA NECESITO (aunque la tuviera)	POCO USO (no más de 1 h al día)	BASTANTE USO (entre 1 y 3 h al día)	IMPRESCINDIBLE (constantemente)	NO LA TENGO PERO LA QUIERO	NO LA CONOZCO
Teléfono móvil (smartphone)						
Tablets (Ipad, etc)						
Ordenador personal conectado a internet						
Consola de videojuegos						
Smart TV (considerando los servicios digitales)						

11. Acerca del uso de gadgets y accesorios en mi tiempo libre sobre el uso que le doy puedo decir sobre estas tecnologías:

	NO LA NECESITO	POCO USO (sálvo temas concretos)	BASTATE USO (como complemento)	IMPRESCINDIBLE	NO LA TENGO PERO LA QUIERO	NO LA CONOZCO
Wearables (smartwatch, pulseras u otros gadgets)						
Equipos portátiles audio o video (MP3, DVD portátil, etc)						
E-book						
Gafas de Realidad Virtual						
Robots						
Impresora 3D						
Asistente de voz (Alexa, Siri, etc)						
Sistema de navegación (GPS, Google maps, etc)						
Coche autónomo						

12. Acerca del uso de equipos de control inteligente (como control de luz, control de persianas, electrodomésticos inteligentes, control de calefación o aire acondicionado, etc, de manera automática), en mi hogar (hogar inteligente, iot o domótica), puedo decir sobre esta tecnología:

	NO LA NECESITO	POCO USO (sólo funciones simples)	BASTANTE USO (control manual al final)	IMPRESCINDIBLE (incluso automatizando funciones)	NO LA TENGO PERO LA QUIERO	NO LA CONOZCO
Sistemas domóticos (Smart Home)						
IoT (internet de las cosas)						
Electrodomésticos inteligentes						
Pantallas táctiles, móvil, tablets						
Contadores energéticos inteligentes						

Final del formulario

USO DE LA TECNOLOGÍA EN SU TRABAJO (SOLO EN CASO DE ESTAR TRABAJANDO A JORNADA COMPLETA O PARCIAL)

En esta sección quiero conocer el uso diario que haces de la tecnología en tu trabajo o relacionado con la actividad de la empresa a la que pertences. Si alguna de las tecnologías que te presento no las conoces, elige NO LA CONOZCO. Si, por contra, la conoces o has oído hablar de ella, pero no la usas si la tienes o no la comprarías si no la tienes porque no la consideras útil elige NO LA NECESITO. Si no la usas, pero la conoces y te gustaría usarla, pero aún no has tenido oportunidad elige NO LA TENGO PERO LA QUIERO.

En cuanto al uso, y teniendo en cuenta que dispones de ella, elige entre las opciones de POCO USO, BASTANTE USO, o bien, si no puede vivir si ella, elige IMPRESCINDIBLE.

Verás que detrás de estas respuestas globales siempre hay un descriptivo entre paréntesis que te ayuda a entender mejor cómo interpretarlas.

10. Si hablamos de conectividad en mi jornada laboral (por ejemplo en redes sociales, ver vídeos, enviar mails, mensajería instantánea, navegar por internet), puedo decir de las siguientes tecnologías:

	NO LA NECESITO (aunque la tuviera)	POCO USO (no más de 1 h al día)	BASTANTE USO (entre 1 y 3 h al día)	IMPRESCINDIBLE (constantemente)	NO LA TENGO PERO LA QUIERO	NO LA CONOZCO
Teléfono móvil (smartphone)						
Tablets (Ipad, etc)						
Ordenador conectado a internet						
Cloud Computing						

11. Acerca del uso de gadgets y accesorios en mi jornada laboral sobre el uso que le doy puedo decir sobre estas tecnologías:

	NO LA NECESITO	POCO USO (salvo temas concretos)	BASTATE USO (como complemento)	IMPRESCINDIBLE para mi actividad laboral	NO LA TENGO PERO LA QUIERO	NO LA CONOZCO
Wearables (smartwatch, pulseras u otros gadgets)						
Gafas de Realidad Virtual						
Aplicaciones de realidad aumentada						
Robots asistenciales o colaborativos						
Impresora 3D						

12. Acerca del uso de equipos de control inteligente (como control de luz, control de persianas, control de accesos, control de calefacción o aire acondicionado, etc, de manera automática), en mi puesto de trabajo (edificio inteligente, iot o inmótica), puedo decir sobre esta tecnología:

	NO LA NECESITO	POCO USO (sólo funciones simples)	BASTANTE USO (control manual al final)	IMPRESCINDIBLE (incluso automatizando funciones)	NO LA TENGO PERO LA QUIERO	NO LA CONOZCO
Sistemas inmóticos (Smart Building)						
IoT o IIoT (internet de las cosas)						
Scada o BMS						

13. Acerca del uso de tecnologías de análisis en mi jornada laboral sobre el uso que le doy (para control de finanzas, gestión de datos, análisis, etc), puedo decir sobre estas tecnologías:

	NO LA NECESITO	POCO USO (gestiones puntutales)	BASTANTE USO (sólo análsis)	IMPRESCINDIBLE (todo tipo de acciones)	NO LA TENGO PERO LA QUIERO	NO LA CONOZCO
Blockchain						
Inteligencia artificial						
Big Data						

Final del formulario

ANEXO II. RESUMEN RESULTADOS ENCUESTA DE ESTUDIO

II.1 Estudio en base a variables de sexo

JORNADA LABORAL

	HOMBRE CON EMPLEO NO LA NECESITO (aunque la tuviera)		MUJER CON EMPLEO NO LA NECESITO (aunque la tuviera)		HOMBRE CON EMPLEO POCO USO (no más de 1 h al día)		MUJER CON EMPLEO POCO USO (no más de 1 h al día)	
Teléfono móvil (smartphone)	1,69%	2	4,92%	3	8,47%	0	8,20%	5
Tablets (Ipad, etc)	31,36%	37	39,34%	24	31,36%	37	32,79%	20
Ordenador conectado a internet	3,39%	4	0,00%	0	5,08%	6	1,64%	1
Cloud Computing	12,71%	15	11,48%	7	25,42%	30	19,67%	12
Wearables (smartwatch, pulseras u otros gadgets)	54,24%	64	67,21%	41	22,88%	27	9,84%	6
Gafas de Realidad Virtual	80,51%	95	85,25%	52	6,78%	8	3,28%	2
Aplicaciones de realidad aumentada	69,49%	82	77,05%	47	9,32%	11	11,48%	7
Robots asistenciales o colaborativos	77,12%	91	68,85%	42	5,93%	7	4,92%	3
Impresora 3D	76,27%	90	78,69%	48	6,78%	8	4,92%	3
Sistemas inmóticos (Smart Building)	27,97%	33	29,51%	18	19,49%	23	14,75%	9
IoT o IIoT (internet de las cosas)	33,05%	39	37,70%	23	17,80%	21	13,11%	8
Scada o BMS	33,05%	39	36,07%	22	15,25%	18	1,64%	1
Blockchain	31,36%	37	31,15%	19	16,95%	20	8,20%	5
Inteligencia artificial	38,14%	45	39,34%	24	19,49%	23	8,20%	5
Big Data	33,05%	39	22,95%	14	18,64%	22	14,75%	9

	HOMBRE CON EMPLEO BASTANTE USO (entre 1 y 3 h al día)		MUJER CON EMPLEO BASTANTE USO (entre 1 y 3 h al día)		HOMBRE CON EMPLEO IMPRESCINDIBLE (constantemente)		MUJER CON EMPLEO IMPRESCINDIBLE (constantemente)	
Teléfono móvil (smartphone)	25,42%	30	16,39%	10	64,41%	76	70,49%	43
Tablets (Ipad, etc)	18,64%	22	8,20%	5	8,47%	10	13,11%	8
Ordenador conectado a internet	11,86%	14	11,48%	7	79,66%	94	86,89%	53
Cloud Computing	21,19%	25	16,39%	10	21,19%	25	22,95%	14
Wearables (smartwatch, pulseras u otros gadgets)	12,71%	15	6,56%	4	4,24%	5	1,64%	1
Gafas de Realidad Virtual	0,00%	0	0,00%	0	0,00%	0	0,00%	0
Aplicaciones de realidad aumentada	1,69%	2	0,00%	0	0,00%	0	0,00%	0
Robots asistenciales o colaborativos	2,54%	3	1,64%	1	0,00%	0	0,00%	0
Impresora 3D	1,69%	2	0,00%	0	0,85%	1	1,64%	1
Sistemas inmóticos (Smart Building)	15,25%	18	4,92%	3	7,63%	9	8,20%	5
IoT o IIoT (internet de las cosas)	6,78%	8	0,00%	0	4,24%	5	4,92%	3
Scada o BMS	9,32%	11	1,64%	1	6,78%	8	1,64%	1
Blockchain	5,93%	7	3,28%	2	11,02%	13	0,00%	0
Inteligencia artificial	6,78%	8	3,28%	2	0,85%	1	0,00%	0
Big Data	16,10%	19	11,48%	7	7,63%	9	3,28%	2

	HOMBRE CON EMPLEO NO LA TENGO PERO LA QUIERO		MUJER CON EMPLEO NO LA TENGO PERO LA QUIERO		HOMBRE CON EMPLEO NO LA CONOZCO / No contesta		MUJER CON EMPLEO NO LA CONOZCO / No contesta	
Teléfono móvil (smartphone)	0,00%	0	0,00%	0	0,00%	0	0,00%	0
Tablets (Ipad, etc)	10,17%	12	6,56%	4	0,00%	0	0,00%	0
Ordenador conectado a internet	0,00%	0	0,00%	0	0,00%	0	0,00%	0
Cloud Computing	0,85%	1	9,84%	6	18,64%	22	19,67%	12
Wearables (smartwatch, pulseras u otros gadgets)	5,08%	6	13,11%	8	0,85%	1	1,64%	1
Gafas de Realidad Virtual	10,17%	12	11,48%	7	2,54%	3	0,00%	0
Aplicaciones de realidad aumentada	13,56%	16	9,84%	6	5,93%	7	1,64%	1
Robots asistenciales o colaborativos	8,47%	10	19,67%	12	5,93%	7	4,92%	3
Impresora 3D	11,86%	14	11,48%	7	2,54%	3	3,28%	2
Sistemas inmóticos (Smart Building)	24,58%	29	36,07%	22	5,08%	6	6,56%	4
IoT o IIoT (internet de las cosas)	22,03%	26	31,15%	19	16,10%	19	13,11%	8
Scada o BMS	7,63%	9	9,84%	6	27,97%	33	49,18%	30
Blockchain	11,02%	13	21,31%	13	23,73%	28	36,07%	22
Inteligencia artificial	16,10%	19	27,87%	17	18,64%	22	21,31%	13
Big Data	13,56%	16	26,23%	16	11,02%	13	21,31%	13

USO PERSONAL

	Hombre en casa		Mujer en casa		Hombre en casa		Mujer en casa	
	NO LA NECESITO (aunque la tuviera)		NO LA NECESITO (aunque la tuviera)		POCO USO (no más de 1 h al día)		POCO USO (no más de 1 h al día)	
Teléfono móvil (smartphone)	0,00%	0	0,00%	0	15,56%	21	11,90%	10
Tablets (Ipad, etc)	25,93%	35	23,81%	20	40,00%	54	29,76%	25
Ordenador personal conectado a internet	8,15%	11	2,38%	2	28,15%	38	32,14%	27
Consola de videojuegos	66,67%	90	73,81%	62	21,48%	29	13,10%	11
Smart TV (considerando los servicios digitales)	19,26%	26	6,67%	14	28,15%	38	25,00%	21
Wearables (smartwatch, pulseras u otros gadgets)	48,89%	66	46,43%	39	15,56%	21	15,48%	13
Equipos portátiles audio o video (MP3, DVD portátil, etc)	31,85%	43	27,38%	23	30,37%	41	41,67%	35
E-book	37,78%	51	35,71%	30	26,67%	36	13,10%	11
Gafas de Realidad Virtual	74,81%	101	69,05%	58	5,93%	8	2,38%	2
Robots	72,59%	98	47,62%	40	10,37%	14	14,29%	12
Impresora 3D	77,78%	105	72,62%	61	2,22%	3	2,38%	2
Asistente de voz (Alexa, Siri, etc)	49,63%	67	39,29%	33	31,85%	43	38,10%	32
Sistema de navegación (GPS, Google maps, etc)	1,48%	2	5,95%	5	28,15%	38	19,05%	16
Coche autónomo	63,70%	86	50,00%	42	0,00%	0	1,19%	1
Sistemas domóticos (Smart Home)	29,63%	40	33,33%	28	22,96%	31	4,76%	4
IoT (internet de las cosas)	31,85%	43	34,52%	29	21,48%	29	13,10%	11
Electrodomésticos inteligentes	25,19%	34	25,00%	21	28,15%	38	25,00%	21
Pantallas táctiles, móvil, tablets	7,41%	10	8,33%	7	19,26%	26	27,38%	23
Contadores energéticos inteligentes	31,11%	42	22,62%	19	21,48%	29	22,62%	19

	Hombre en casa BASTANTE USO (entre 1 y 3 h al día)		Mujer en casa BASTANTE USO (entre 1 y 3 h al día)		Hombre en casa IMPRESCINDIBLE (constantemente)		Mujer en casa IMPRESCINDIBLE (constantemente)	
Teléfono móvil (smartphone)	43,70%	59	33,33%	28	39,26%	53	52,38%	44
Tablets (Ipad, etc)	20,74%	28	23,81%	20	6,67%	9	7,14%	6
Ordenador personal conectado a internet	37,04%	50	32,14%	27	25,93%	35	27,38%	23
Consola de videojuegos	4,44%	6	0,00%	0	2,22%	3	1,19%	1
Smart TV (considerando los servicios digitales)	31,85%	43	19,05%	16	8,15%	11	16,67%	14
Wearables (smartwatch, pulseras u otros gadgets)	19,26%	26	10,71%	9	4,44%	6	1,19%	1
Equipos portátiles audio o video (MP3, DVD portátil, etc)	22,96%	31	16,67%	14	8,15%	11	7,14%	6
E-book	15,56%	21	22,62%	19	6,67%	9	11,90%	10
Gafas de Realidad Virtual	0,00%	0	0,00%	0	1,48%	2	0,00%	0
Robots	2,96%	4	7,14%	6	0,74%	1	0,00%	0
Impresora 3D	1,48%	2	0,00%	0	0,74%	1	0,00%	0
Asistente de voz (Alexa, Siri, etc)	6,67%	9	3,57%	3	0,00%	0	1,19%	1
Sistema de navegación (GPS, Google maps, etc)	42,22%	57	30,95%	26	25,93%	35	38,10%	32
Coche autónomo	2,22%	3	1,19%	1	2,96%	4	4,76%	4
Sistemas domóticos (Smart Home)	7,41%	10	4,76%	4	5,19%	7	5,95%	5
IoT (internet de las cosas)	5,19%	7	2,38%	2	1,48%	2	2,38%	2
Electrodomésticos inteligentes	5,19%	7	5,95%	5	4,44%	6	7,14%	6
Pantallas táctiles, móvil, tablets	35,56%	48	26,19%	22	24,44%	33	26,19%	22
Contadores energéticos inteligentes	6,67%	9	4,76%	4	5,93%	8	4,76%	4

	Hombre en casa NO LA TENGO PERO LA QUIERO		Mujer en casa NO LA TENGO PERO LA QUIERO		Hombre en casa NO LA CONOZCO		Mujer en casa NO LA CONOZCO	
Teléfono móvil (smartphone)	1,48%	2	1,19%	1	0,00%	0	1,19%	1
Tablets (Ipad, etc)	6,67%	9	9,52%	8	0,00%	0	5,95%	5
Ordenador personal conectado a internet	0,74%	1	2,38%	2	0,00%	0	3,57%	3
Consola de videojuegos	3,70%	5	2,38%	2	1,48%	2	9,52%	8
Smart TV (considerando los servicios digitales)	11,11%	15	13,10%	11	1,48%	2	9,52%	8
Wearables (smartwatch, pulseras u otros gadgets)	5,93%	8	14,29%	12	5,93%	8	11,90%	10
Equipos portátiles audio o video (MP3, DVD portátil, etc)	5,19%	7	2,38%	2	1,48%	2	4,76%	4
E-book	8,15%	11	5,95%	5	5,19%	7	10,71%	9
Gafas de Realidad Virtual	11,85%	16	14,29%	12	5,93%	8	14,29%	12
Robots	7,41%	10	19,05%	16	5,93%	8	11,90%	10
Impresora 3D	14,81%	20	14,29%	12	2,96%	4	10,71%	9
Asistente de voz (Alexa, Siri, etc)	7,41%	10	7,14%	6	4,44%	6	10,71%	9
Sistema de navegación (GPS, Google maps, etc)	0,00%	0	0,00%	0	2,22%	3	5,95%	5
Coche autónomo	22,96%	31	29,76%	25	8,15%	11	13,10%	11
Sistemas domóticos (Smart Home)	30,37%	41	36,90%	31	4,44%	6	14,29%	12
IoT (internet de las cosas)	25,19%	34	20,24%	17	14,81%	20	27,38%	23
Electrodomésticos inteligentes	31,11%	42	27,38%	23	5,93%	8	9,52%	8
Pantallas táctiles, móvil, tablets	10,37%	14	7,14%	6	2,96%	4	4,76%	4
Contadores energéticos inteligentes	19,26%	26	21,43%	18	15,56%	21	23,81%	20

II.2 Estudio en base a variables de ingresos

JORNADA LABORAL

	NO LA NECESITO (aunque la tuviera)						POCO USO (no más de 1 h al día)					
	menos 25.000 €		entre 25.000 y 100.000 €		más de 100.000 €		menos 25.000 €		entre 25.000 y 100.000 €		más de 100.000 €	
	Valor	Muestras	Valor	Muestras	Valor	Muestras	Valor	Muestras	Valor	Muestras	Valor	Muestras
Teléfono móvil (smartphone)	0%	0	3%	4	0%	0	0,0%	0	7,32%	9	5,26%	1
Tablets (Ipad, etc)	33%	5	30%	37	47%	9	20,00%	3	34,96%	43	15,79%	3
Ordenador conectado a internet	7%	1	1%	1	0%	0	0,00%	0	3,25%	4	5,26%	1
Cloud Computing	13%	2	9%	11	11%	2	26,67%	4	22,76%	28	26,32%	5
Wearables (smartwatch, pulseras u otros gadgets)	73%	11	55%	68	47%	9	13,33%	2	20,33%	25	15,79%	3
Gafas de Realidad Virtual	93%	14	81%	100	89%	17	0,00%	0	4,88%	6	5,26%	1
Aplicaciones de realidad aumentada	87%	13	71%	87	74%	14	6,67%	1	8,94%	1	10,53%	2
Robots asistenciales o colaborativos	80%	12	72%	88	74%	14	0,00%	0	8,13%	10	0,00%	0
Impresora 3D	80%	12	75%	92	79%	15	0,00%	0	7,32%	9	5,26%	1
Sistemas inmóticos (Smart Building)	27%	4	27%	33	26%	5	6,67%	1	18,70%	21	21,05%	4
IoT o IIoT (internet de las cosas)	33%	5	33%	40	32%	6	13,33%	2	17,07%	21	15,79%	3
Scada o BMS	33%	5	32%	39	37%	7	0,00%	0	14,63%	18	5,26%	1
Blockchain	13%	2	32%	39	42%	8	6,67%	1	16,26%	20	5,26%	1
Inteligencia artificial	13%	2	39%	48	37%	7	6,67%	1	17,07%	21	15,79%	3
Big Data	53%	8	28%	34	21%	4	6,67%	1	18,70%	23	15,79%	3

	BASTANTE USO (entre 1 y 3 h al día)						IMPRESCINDIBLE (constantemente)					
	menos 25.000 €		entre 25.000 y 100.000 €		más de 100.000 €		menos 25.000 €		entre 25.000 y 100.000 €		más de 100.000 €	
	Valor	Muestras	Valor	Muestras	Valor	Muestras	Valor	Muestras	Valor	Muestras	Valor	Muestras
Teléfono móvil (smartphone)	40,00%	6	21,14%	26	10,53%	2	60,0%	9	68,29%	84	84,21%	16
Tablets (Ipad, etc)	26,67%	4	17,89%	22	0,00%	0	6,67%	1	7,32%	9	26,32%	5
Ordenador conectado a internet	13,33%	2	12,20%	15	0,00%	0	80,0%	12	83,74%	103	94,74%	18
Cloud Computing	13,33%	2	22,76%	28	5,26%	1	0,00%	0	24,39%	30	42,11%	8
Wearables (smartwatch, pulseras u otros gadgets)	0,00%	0	12,20%	15	15,79%	3	0,00%	0	2,44%	3	15,79%	3
Gafas de Realidad Virtual	0,00%	0	0,00%	0	0,00%	0	0,00%	0	0,00%	0	0,00%	0
Aplicaciones de realidad aumentada	0,00%	0	1,63%	2	0,00%	0	0,00%	0	0,00%	0	0,00%	0
Robots asistenciales o colaborativos	0,00%	0	2,44%	3	0,00%	0	0,00%	0	0,00%	0	0,00%	0
Impresora 3D	0,00%	0	0,81%	1	0,00%	0	0,00%	0	1,63%	2	0,00%	0
Sistemas inmóticos (Smart Building)	20,00%	3	9,76%	12	10,53%	2	0,00%	0	9,76%	12	5,26%	1
IoT o IIoT (internet de las cosas)	6,67%	1	0,81%	1	15,79%	3	0,00%	0	6,50%	8	0,00%	0
Scada o BMS	6,67%	1	4,07%	5	5,26%	1	6,67%	1	6,50%	8	0,00%	0
Blockchain	6,67%	1	4,07%	5	0,00%	0	0,00%	0	8,94%	11	10,53%	2
Inteligencia artificial	6,67%	1	4,07%	5	10,53%	2	0,00%	0	0,81%	1	0,00%	0
Big Data	13,33%	2	13,01%	13	15,79%	3	0,00%	0	8,13%	10	5,26%	1

| | NO LA TENGO PERO LA QUIERO |||||| NO LA CONOZCO / No contesta ||||||
| | menos 25.000 € || entre 25.000 y 100.000 € || más de 100.000 € || menos 25.000 € || entre 25.000 y 130.000 € || más de 100.000 € ||
	Valor	Muestras	Valor	Muestras	Valor	Muestras	Valor	Muestras	Valor	Muestras	Valor	Muestras
Teléfono móvil (smartphone)	0,00%	0	0,00%	0	0,00%	0	0,00%	0	0,00%	0	0,00%	0
Tablets (Ipad, etc)	13,3%	2	9,76%	12	10,5%	2	0,00%	0	0,00%	0	0,00%	0
Ordenador conectado a internet	0,00%	0	0,00%	0	0,00%	0	0,00%	0	0,00%	0	0,00%	0
Cloud Computing	0,00%	0	4,07%	5	10,5%	2	46,6%	7	17,07%	21	5,26%	1
Wearables (smartwatch, pulseras u otros gadgets)	13,3%	2	8,13%	10	5,26%	1	0,00%	0	1,63%	2	0,00%	0
Gafas de Realidad Virtual	0,00%	0	12,20%	15	5,26%	1	6,67%	1	1,63%	2	0,00%	0
Aplicaciones de realidad aumentada	0,00%	0	13,82%	17	10,5%	2	8,67%	1	4,88%	6	5,26%	1
Robots asistenciales o colaborativos	6,67%	1	13,01%	16	21,0%	4	13,3%	2	4,88%	6	5,26%	1
Impresora 3D	20,0%	3	11,38%	14	15,7%	3	0,00%	0	4,07%	5	0,00%	0
Sistemas inmóticos (Smart Building)	33,3%	5	30,89%	38	36,8%	7	3,3%	2	4,07%	5	0,00%	0
IoT o IIoT (internet de las cosas)	33,3%	5	26,02%	32	36,8%	7	3,3%	2	17,07%	21	0,00%	0
Scada o BMS	0,00%	0	9,76%	12	10,5%	2	53,3%	8	33,33%	41	42,1%	8
Blockchain	13,3%	2	13,01%	16	31,5%	6	53,3%	8	26,02%	32	10,5%	2
Inteligencia artificial	26,6%	4	19,51%	24	31,5%	6	38,3%	5	19,51%	24	5,26%	1
Big Data	6,67%	1	17,89%	22	36,8%	7	33,3%	5	14,63%	18	5,26%	1

USO PERSONAL

	NO LA NECESITO (aunque la tuviera) menos 25.000 €		NO LA NECESITO (aunque la tuviera) entre 25.000 y 100.000 €		NO LA NECESITO (aunque la tuviera) más de 100.000 €		POCO USO (no más de 1 h al día) menos 25.000 €		POCO USO (no más de 1 h al día) entre 25.000 y 100.000 €		POCO USO (no más de 1 h al día) más de 100.000 €	
Teléfono móvil (smartphone)	0,00%	0	0,00%	0	0,00%	0	17,24%	5	12,86%	18	10,00%	2
Tablets (Ipad, etc)	34,48%	10	21,43%	30	30,00%	6	24,14%	7	39,29%	55	30,00%	6
Ordenador personal conectado a internet	6,90%	2	4,29%	6	0,00%	0	31,03%	9	32,14%	45	35,00%	7
Consola de videojuegos	65,52%	19	67,14%	94	85,00%	17	13,79%	4	22,14%	31	5,00%	1
Smart TV (considerando los servicios digitales)	24,14%	7	17,14%	24	15,00%	3	20,69%	6	27,14%	38	25,00%	5
Wearables (smartwatch, pulseras u otros gadgets)	55,17%	16	49,29%	69	30,00%	6	13,79%	4	14,29%	20	15,00%	3
Equipos portátiles audio o video (MP3, DVD portátil, etc)	34,48%	10	30,71%	43	35,00%	7	41,38%	12	34,29%	48	20,00%	4
E-book	44,83%	13	36,43%	51	40,00%	8	17,24%	5	22,14%	31	20,00%	4
Gafas de Realidad Virtual	79,31%	23	71,43%	100	30,00%	16	3,45%	1	5,00%	7	0,00%	0
Robots	65,52%	19	62,86%	88	55,00%	11	3,45%	1	12,86%	18	25,00%	5
Impresora 3D	68,97%	20	77,86%	109	75,00%	15	6,90%	2	1,43%	2	0,00%	0
Asistente de voz (Alexa, Siri, etc)	48,28%	14	43,57%	61	35,00%	7	27,59%	8	38,57%	54	40,00%	8
Sistema de navegación (GPS, Google maps, etc)	10,34%	3	2,14%	3	0,00%	0	34,48%	10	23,57%	33	5,00%	1
Coche autónomo	51,72%	15	57,14%	80	55,00%	11	0,00%	0	0,71%	1	0,00%	0
Sistemas domóticos (Smart Home)	37,93%	11	28,57%	40	15,00%	3	24,14%	7	15,71%	22	15,00%	3
IoT (internet de las cosas)	41,38%	12	27,86%	39	30,00%	6	13,79%	4	19,29%	27	40,00%	8
Electrodomésticos inteligentes	31,03%	9	21,43%	30	20,00%	4	20,69%	6	28,57%	40	35,00%	7
Pantallas táctiles, móvil, tablets	6,90%	2	6,43%	9	15,00%	3	24,14%	7	21,43%	30	15,00%	3
Contadores energéticos inteligentes	27,59%	8	26,43%	37	35,00%	7	20,69%	6	22,86%	32	20,00%	4

	menos 25.000 €		entre 25.000 y 100.000 €		más de 100.000 €		menos 25.000 €		entre 25.000 y 100.000 €		más de 100.000 €	
	BASTANTE USO (entre 1 y 3 h al día)		BASTANTE USO (entre 1 y 3 h al día)		BASTANTE USO (entre 1 y 3 h al día)		IMPRESCINDIBLE (constantemente)		IMPRESCINDIBLE (constantemente)		IMPRESCINDIBLE (constantemente)	
Teléfono móvil (smartphone)	48,28%	14	36,43%	51	25,00%	5	27,59%	8	49,29%	69	65,00%	13
Tablets (ipad, etc)	20,69%	6	24,29%	34	20,00%	4	6,90%	2	5,71%	8	15,00%	3
Ordenador personal conectado a internet	24,14%	7	35,71%	50	25,00%	5	34,48%	10	25,71%	36	40,00%	8
Consola de videojuegos	0,00%	0	3,57%	5	0,00%	0	3,45%	1	0,71%	1	10,00%	2
Smart TV (considerando los servicios digitales)	27,59%	8	27,86%	39	25,00%	5	10,34%	3	12,14%	17	20,00%	4
Wearables (smartwatch, pulseras u otros gadgets)	3,45%	1	19,29%	27	30,00%	6	0,00%	0	2,86%	4	15,00%	3
Equipos portátiles audio o vídeo (MP3, DVD portátil, etc)	10,34%	3	22,86%	32	20,00%	4	3,45%	1	7,14%	10	20,00%	4
E-book	6,90%	2	21,43%	30	20,00%	4	6,90%	2	7,14%	10	15,00%	3
Gafas de Realidad Virtual	0,00%	0	0,00%	0	0,00%	0	0,00%	0	0,71%	1	5,00%	1
Robots	3,45%	1	4,29%	6	10,00%	2	0,00%	0	0,71%	1	0,00%	0
Impresora 3D	0,00%	0	1,43%	2	0,00%	0	0,00%	0	0,71%	1	0,00%	0
Asistente de voz (Alexa, Siri, etc)	0,00%	0	5,00%	7	10,00%	2	0,00%	0	0,71%	1	0,00%	0
Sistema de navegación (GPS, Google maps, etc)	27,59%	8	40,71%	57	40,00%	8	20,69%	6	31,43%	44	55,00%	11
Coche autónomo	0,00%	0	2,86%	4	0,00%	0	6,90%	2	3,57%	5	5,00%	1
Sistemas domóticos (Smart Home)	3,45%	1	2,86%	4	10,00%	2	0,00%	0	3,57%	5	15,00%	3
IoT (internet de las cosas)	6,90%	2	4,29%	6	5,00%	1	0,00%	0	1,43%	2	0,00%	0
Electrodomésticos inteligentes	6,90%	2	31,43%	44	15,00%	3	6,90%	2	4,29%	6	0,00%	0
Pantallas táctiles, móvil, tablets	34,48%	10	7,14%	10	25,00%	5	27,59%	8	15,71%	22	40,00%	8
Contadores energéticos inteligentes	6,90%	2	2,86%	4	5,00%	1	10,34%	3	2,86%	4	0,00%	0

	menos 25.000 €		entre 25.000 y 100.000 €		más de 100.000 €		menos 25.000 €		entre 25.000 y 100.000 €		más de 100.000 €	
	NO LA TENGO PERO LA QUIERO		NO LA TENGO PERO LA QUIERO		NO LA TENGO PERO LA QUIERO		NO LA CONOZCO		NO LA CONOZCO		NO LA CONOZCO	
Teléfono móvil (smartphone)	27,59%	8	1,43%	2	0,00%	0	3,45%	1	0,00%	0	0,00%	0
Tablets (Ipad, etc)	6,90%	2	9,29%	13	5,00%	1	6,90%	2	0,00%	0	0,00%	0
Ordenador personal conectado a internet	34,48%	10	2,14%	3	0,00%	0	3,45%	1	0,00%	0	0,00%	0
Consola de videojuegos	3,45%	1	3,57%	5	0,00%	0	10,34%	3	2,86%	4	0,00%	0
Smart TV (considerando los servicios digitales)	10,34%	3	12,14%	17	15,00%	3	3,45%	1	3,57%	5	0,00%	0
Wearables (smartwatch, pulseras u otros gadgets)	13,79%	4	8,57%	12	5,00%	1	13,79%	4	5,71%	8	5,00%	1
Equipos portátiles audio o video (MP3, DVD portátil, etc)	6,90%	2	2,86%	4	5,00%	1	3,45%	1	2,14%	3	0,00%	0
E-book	3,45%	1	7,86%	11	5,00%	1	20,69%	6	5,00%	7	0,00%	0
Gafas de Realidad Virtual	0,00%	0	15,00%	21	10,00%	2	17,24%	5	7,86%	11	5,00%	1
Robots	13,79%	4	12,14%	17	10,00%	2	13,79%	4	7,14%	10	0,00%	0
Impresora 3D	13,79%	4	13,57%	19	25,00%	5	10,34%	3	5,00%	7	0,00%	0
Asistente de voz (Alexa, Siri, etc)	10,34%	3	7,14%	10	10,00%	2	13,79%	4	5,00%	7	5,00%	1
Sistema de navegación (GPS, Google maps, etc)	0,00%	0	0,00%	0	0,00%	0	6,90%	2	2,14%	3	0,00%	0
Coche autónomo	34,48%	10	25,00%	35	40,00%	8	6,90%	2	0,00%	0	0,00%	0
Sistemas domóticos (Smart Home)	24,14%	7	22,14%	31	45,00%	9	10,34%	3	5,71%	8	0,00%	0
IoT (internet de las cosas)	17,24%	5	12,14%	17	15,00%	3	20,69%	6	19,29%	27	10,00%	2
Electrodomésticos inteligentes	27,59%	8	16,43%	23	30,00%	6	6,90%	2	5,71%	8	0,00%	0
Pantallas táctiles, móvil, tablets	3,45%	1	4,29%	6	5,00%	1	3,45%	1	2,86%	4	0,00%	0
Contadores energéticos inteligentes	13,79%	4	12,86%	18	30,00%	6	20,69%	6	17,86%	25	10,00%	2

II.3 Estudio en base a variables de edad

JORNADA LABORAL

	Hasta 1968		Entre 1969 y 1993		A partir 1994		Hasta 1968		Entre 1969 y 1993		A partir 1994	
	NO LA NECESITO (aunque la tuviera)		NO LA NECESITO (aunque la tuviera)		NO LA NECESITO (aunque la tuviera)		POCO USO (no más de 1 h al día)		POCO USO (no más de 1 h al día)		POCO USO (no más de 1 h al día)	
Teléfono móvil (smartphone)	1,85%	1	3,23%	4	0,00%	0	5,56%	3	8,87%	11	100,00%	1
Tablets (Ipad, etc)	20,37%	11	39,52%	49	100,00%	1	46,30%	25	25,81%	32	0,00%	0
Ordenador conectado a internet	0,00%	0	3,23%	4	0,00%	0	1,35%	1	4,84%	6	0,00%	0
Cloud Computing	9,26%	5	13,71%	17	0,00%	0	29,63%	16	20,97%	26	0,00%	0
Wearables (smartwatch, pulseras u otros gadgets)	59,26%	32	58,87%	73	0,00%	0	20,37%	11	16,94%	21	100,00%	1
Gafas de Realidad Virtual	88,89%	48	79,03%	98	100,00%	1	7,4 %	4	4,84%	6	0,00%	0
Aplicaciones de realidad aumentada	75,93%	41	70,16%	87	100,00%	1	12,96%	7	8,87%	11	0,00%	0
Robots asistenciales o colaborativos	75,93%	41	73,39%	91	100,00%	1	11,11%	6	3,23%	4	0,00%	0
Impresora 3D	74,07%	40	78,23%	97	100,00%	1	11,11%	6	4,03%	5	0,00%	0
Sistemas inmóticos (Smart Building)	20,37%	11	31,45%	39	100,00%	1	24,07%	13	15,32%	19	0,00%	0
IoT o IIoT (Internet de las cosas)	33,33%	18	34,68%	43	100,00%	1	24,07%	13	12,90%	16	0,00%	0
Scada o BMS	29,63%	16	35,48%	44	100,00%	1	12,96%	7	9,68%	12	0,00%	0
Blockchain	22,22%	12	34,68%	43	100,00%	1	22,22%	12	10,48%	13	0,00%	0
Inteligencia artificial	31,48%	17	41,13%	51	100,00%	1	25,93%	14	11,29%	14	0,00%	0
Big Data	25,93%	14	30,65%	38	100,00%	1	24,07%	13	14,52%	18	0,00%	0

	Hasta 1968 BASTANTE USO (entre 1 y 3 h al día)		Entre 1969 y 1993 BASTANTE USO (entre 1 y 3 h al día)		A partir 1994 BASTANTE USO (entre 1 y 3 h al día)		Hasta 1968 IMPRESCINDIBLE (constantemente)		Entre 1969 y 1993 IMPRESCINDIBLE (constantemente)		A partir 1994 IMPRESCINDIBLE (constantemente)	
Teléfono móvil (smartphone)	33,33%	18	17,74%	22	0,00%	0	59,26%	32	70,16%	87	0,00%	0
Tablets (Ipad, etc)	18,52%	10	13,71%	17	0,00%	0	11,11%	6	9,68%	12	0,00%	0
Ordenador conectado a internet	12,96%	7	11,29%	14	0,00%	0	85,19%	46	80,65%	100	100,00%	1
Cloud Computing	14,81%	8	21,77%	27	0,00%	0	18,52%	10	22,58%	28	100,00%	1
Wearables (smartwatch, pulseras u otros gadgets)	9,26%	5	11,29%	14	0,00%	0	1,85%	1	4,03%	5	0,00%	0
Gafas de Realidad Virtual	0,00%	0	0,00%	0	0,00%	0	0,00%	0	0,00%	0	0,00%	0
Aplicaciones de realidad aumentada	1,85%	1	0,81%	1	0,00%	0	0,00%	0	0,00%	0	0,00%	0
Robots asistenciales o colaborativos	1,85%	1	2,42%	3	0,00%	0	0,00%	0	0,00%	0	0,00%	0
Impresora 3D	0,00%	0	1,61%	2	0,00%	0	1,85%	1	0,81%	1	0,00%	0
Sistemas inmóticos (Smart Building)	14,81%	8	10,48%	13	0,00%	0	7,41%	4	8,06%	10	0,00%	0
IoT o IIoT (internet de las cosas)	3,70%	2	4,84%	6	0,00%	0	3,70%	2	4,84%	6	0,00%	0
Scada o BMS	7,41%	4	6,45%	8	0,00%	0	5,56%	3	4,84%	6	0,00%	0
Blockchain	7,41%	4	4,03%	5	0,00%	0	7,41%	4	7,26%	9	0,00%	0
Inteligencia artificial	5,56%	3	5,65%	7	0,00%	0	0,00%	0	0,81%	1	0,00%	0
Big Data	18,52%	10	12,90%	16	0,00%	0	5,56%	3	6,45%	8	0,00%	0

	Hasta 1968 NO LA TENGO PERO LA QUIERO		Entre 1969 y 1993 NO LA TENGO PERO LA QUIERO		A partir 1994 NO LA TENGO PERO LA QUIERO		Hasta 1968 NO LA CONOZCO / No contesta		Entre 1969 y 1993 NO LA CONOZCO / No contesta		A partir 1994 NO LA CONOZCO / No contesta	
Teléfono móvil (smartphone)	0,00%	0	0,00%	0	0,00%	0	0,00%	0	0,00%	0	0,00%	0
Tablets (Ipad, etc)	3,70%	2	11,29%	14	0,00%	0	0,00%	0	0,00%	0	0,00%	0
Ordenador conectado a internet	0,00%	0	0,00%	0	0,00%	0	0,00%	0	0,00%	0	0,00%	0
Cloud Computing	1,85%	1	4,84%	6	0,00%	0	25,93%	14	16,13%	20	0,00%	0
Wearables (smartwatch, pulseras u otros gadgets)	7,41%	4	8,06%	10	0,00%	0	1,85%	1	0,81%	1	0,00%	0
Gafas de Realidad Virtual	3,70%	2	13,71%	17	0,00%	0	0,00%	0	2,42%	3	0,00%	0
Aplicaciones de realidad aumentada	5,56%	3	15,32%	19	0,00%	0	3,70%	2	4,84%	6	0,00%	0
Robots asistenciales o colaborativos	7,41%	4	14,52%	18	0,00%	0	3,70%	2	6,45%	8	0,00%	0
Impresora 3D	11,11%	6	12,10%	15	0,00%	0	1,85%	1	3,23%	4	0,00%	0
Sistemas inmóticos (Smart Building)	27,78%	15	29,03%	36	0,00%	0	5,56%	3	5,65%	7	0,00%	0
IoT o IIoT (Internet de las cosas)	16,67%	9	29,03%	36	0,00%	0	18,52%	10	13,71%	17	0,00%	0
Scada o BMS	9,26%	5	8,06%	10	0,00%	0	35,19%	19	35,48%	44	0,00%	0
Blockchain	12,96%	7	15,32%	19	0,00%	0	27,78%	15	28,23%	35	0,00%	0
Inteligencia artificial	16,67%	9	21,77%	27	0,00%	0	20,37%	11	19,35%	24	0,00%	0
Big Data	11,11%	6	20,97%	26	0,00%	0	14,81%	8	14,52%	18	0,00%	0

USO PERSONAL

	Hasta 1968 NO LA NECESITO (aunque la tuviera)		Entre 1969 y 1993 NO LA NECESITO (aunque la tuviera)		A partir 1994 NO LA NECESITO (aunque la tuviera)		Hasta 1968 POCO USO (no más de 1 h al día)		Entre 1969 y 1993 POCO USO (no más de 1 h al día)		A partir 1994 POCO USO (no más de 1 h al día)	
Teléfono móvil (smartphone)	0,00%	0	0,00%	0	0,00%	0	22,22%	18	9,16%	12	14,29%	1
Tablets (Ipad, etc)	22,22%	18	25,19%	33	57,14%	4	41,98%	34	34,35%	45	0,00%	0
Ordenador personal conectado a internet	6,17%	5	5,34%	7	14,29%	1	27,16%	22	32,06%	42	14,29%	1
Consola de videojuegos	75,31%	61	67,18%	88	42,86%	3	8,64%	7	23,66%	31	28,57%	2
Smart TV (considerando los servicios digitales)	18,52%	15	18,32%	24	14,29%	1	23,46%	19	28,24%	37	42,86%	3
Wearables (smartwatch, pulseras u otros gadgets)	46,91%	38	48,85%	64	42,86%	3	17,28%	14	15,27%	20	0,00%	0
Equipos portátiles audio o video (MP3, DVD portátil, etc)	27,16%	22	30,53%	40	57,14%	4	35,80%	29	34,35%	45	28,57%	2
E-book	25,93%	21	43,51%	57	42,86%	3	28,40%	23	17,56%	23	14,29%	1
Gafas de Realidad Virtual	67,90%	55	75,57%	99	71,43%	5	4,94%	4	4,58%	6	0,00%	0
Robots	60,49%	49	64,89%	85	57,14%	4	7,41%	6	14,50%	19	14,29%	1
Impresora 3D	67,90%	55	80,15%	105	85,71%	6	4,94%	4	0,76%	1	0,00%	0
Asistente de voz (Alexa, Siri, etc)	45,68%	37	46,56%	61	28,57%	2	27,16%	22	38,17%	50	42,86%	3
Sistema de navegación (GPS, Google maps, etc)	4,94%	4	0,76%	1	28,57%	2	19,75%	16	26,72%	35	42,86%	3
Coche autónomo	55,56%	45	59,54%	78	71,43%	5	1,23%	1	0,00%	0	0,00%	0
Sistemas domóticos (Smart Home)	13,58%	11	29,01%	38	42,86%	3	8,64%	7	17,56%	23	0,00%	0
IoT (internet de las cosas)	14,81%	12	32,06%	42	85,71%	6	4,94%	4	21,37%	28	0,00%	0
Electrodomésticos inteligentes	11,11%	9	24,43%	32	57,14%	4	7,41%	6	28,24%	37	28,57%	2
Pantallas táctiles, móvil, tablets	2,47%	2	9,16%	12	42,86%	3	8,64%	7	23,66%	31	14,29%	1
Contadores energéticos inteligentes	9,88%	8	29,01%	38	100,00%	7	7,41%	6	21,37%	28	14,29%	1

Tecnología	Hasta 1968 BASTANTE USO (entre 1 y 3 h al día)		Entre 1969 y 1993 BASTANTE USO (entre 1 y 3 h al día)		A partir 1994 BASTANTE USO (entre 1 y 3 h al día)		Hasta 1968 IMPRESCINDIBLE (constantemente)		Entre 1969 y 1993 IMPRESCINDIBLE (constantemente)		A partir 1994 IMPRESCINDIBLE (constantemente)	
Teléfono móvil (smartphone)	43,21%	35	38,17%	50	28,57%	2	33,33%	27	51,91%	68	28,57%	2
Tablets (Ipad, etc)	19,75%	16	24,43%	32	0,00%	0	3,70%	3	6,87%	9	42,86%	3
Ordenador personal conectado a internet	37,04%	30	33,59%	44	42,86%	3	24,69%	20	28,24%	37	14,29%	1
Consola de videojuegos	2,47%	2	3,05%	4	0,00%	0	0,00%	0	2,29%	3	14,29%	1
Smart TV (considerando los servicios digitales)	29,63%	24	25,19%	33	28,57%	2	6,17%	5	15,27%	20	0,00%	0
Wearables (smartwatch, pulseras u otros gadgets)	13,58%	11	16,79%	22	28,57%	2	1,23%	1	4,58%	6	0,00%	0
Equipos portátiles audio o video (MP3, DVD portátil, etc)	20,99%	17	20,61%	27	14,29%	1	4,94%	4	9,92%	13	0,00%	0
E-book	20,99%	17	17,56%	23	0,00%	0	6,17%	5	10,69%	14	0,00%	0
Gafas de Realidad Virtual	0,00%	0	0,00%	0	0,00%	0	1,23%	1	0,76%	1	0,00%	0
Robots	3,70%	3	5,34%	7	0,00%	0	0,00%	0	0,76%	1	0,00%	0
Impresora 3D	1,23%	1	0,76%	1	0,00%	0	1,23%	1	0,00%	0	0,00%	0
Asistente de voz (Alexa, Siri, etc)	6,17%	5	4,58%	6	14,29%	1	0,00%	0	0,76%	1	0,00%	0
Sistema de navegación (GPS, Google maps, etc)	40,74%	33	38,17%	50	0,00%	0	25,93%	21	34,35%	45	14,29%	1
Coche autónomo	1,23%	1	2,29%	3	0,00%	0	4,94%	4	3,05%	4	0,00%	0
Sistemas domóticos (Smart Home)	1,23%	1	5,34%	7	28,57%	2	0,00%	0	6,11%	8	0,00%	0
IoT (internet de las cosas)	2,47%	2	4,58%	6	0,00%	0	0,00%	0	2,29%	3	0,00%	0
Electrodomésticos inteligentes	2,47%	2	6,11%	8	0,00%	0	2,47%	2	6,87%	9	0,00%	0
Pantallas táctiles, móvil, tablets	12,35%	10	25,95%	34	0,00%	0	9,88%	8	31,30%	41	57,14%	4
Contadores energéticos inteligentes	2,47%	2	6,87%	9	0,00%	0	3,70%	3	6,87%	9	0,00%	0

	Hasta 1968 NO LA TENGO PERO LA QUIERO		Entre 1969 y 1993 NO LA TENGO PERO LA QUIERO		A partir 1994 NO LA TENGO PERO LA QUIERO		Hasta 1968 NO LA CONOZCO		Entre 1969 y 1993 NO LA CONOZCO		A partir 1994 NO LA CONOZCO	
Teléfono móvil (smartphone)	0,00%	0	0,76%	1	28,57%	2	1,23%	1	0,00%	0	0,00%	0
Tablets (Ipad, etc)	6,17%	5	9,16%	12	0,00%	0	6,17%	5	0,00%	0	0,00%	0
Ordenador personal conectado a internet	1,23%	1	0,76%	1	14,29%	1	3,70%	3	0,00%	0	0,00%	0
Consola de videojuegos	3,70%	3	2,29%	3	14,29%	1	9,88%	8	1,53%	2	0,00%	0
Smart TV (considerando los servicios digitales)	11,11%	9	12,21%	16	14,29%	1	11,11%	9	0,76%	1	0,00%	0
Wearables (smartwatch, pulseras u otros gadgets)	4,94%	4	11,45%	15	14,29%	1	16,05%	13	3,05%	4	14,29%	1
Equipos portátiles audio o video (MP3, DVD portátil, etc)	4,94%	4	3,82%	5	0,00%	0	6,17%	5	0,76%	1	0,00%	0
E-book	4,94%	4	9,16%	12	0,00%	0	13,58%	11	1,53%	2	42,86%	3
Gafas de Realidad Virtual	7,41%	6	15,27%	20	28,57%	2	18,52%	15	3,82%	5	0,00%	0
Robots	9,88%	8	12,21%	16	28,57%	2	18,52%	15	2,29%	3	0,00%	0
Impresora 3D	13,58%	11	15,27%	20	14,29%	1	11,11%	9	3,05%	4	0,00%	0
Asistente de voz (Alexa, Siri, etc)	7,41%	6	6,87%	9	14,29%	1	13,58%	11	3,05%	4	0,00%	0
Sistema de navegación (GPS, Google maps, etc)	0,00%	0	0,00%	0	0,00%	0	8,64%	7	0,00%	0	14,29%	1
Coche autónomo	17,28%	14	31,30%	41	14,29%	1	19,75%	16	3,82%	5	14,29%	1
Sistemas domóticos (Smart Home)	8,64%	7	37,40%	49	14,29%	1	3,70%	3	4,58%	6	0,00%	0
IoT (internet de las cosas)	6,17%	5	25,95%	34	0,00%	0	7,41%	6	13,74%	18	42,86%	3
Electrodomésticos inteligentes	9,88%	8	31,30%	41	42,86%	3	2,47%	2	3,05%	4	0,00%	0
Pantallas táctiles, móvil, tablets	1,23%	1	9,16%	12	14,29%	1	1,23%	1	0,76%	1	0,00%	0
Contadores energéticos inteligentes	4,94%	4	26,72%	35	0,00%	0	7,41%	6	9,16%	12	28,57%	2

BIBLIOGRAFÍA

Alloza, S. and Escribano, F. (2017). XBadges. How soft skills are boosted by video games: Improving persistence, risk taking & spatial reasoning with Flappy Bird, Pacman & Tetris. Repositorio institucional ULL. Extracted from https://riull.ull.es/xmlui/handle/915/4764.

Alloza, S., Escribano, F., Delgado, S., Corneanu, C. and Escalera, S. (2017). XBadges. Identifying and training soft skills with commercial video games. Cornell University Library, Extracted from http://ceur-ws.org/Vol1957/CoSeCiVi17_paper_2.pdf.

Almenara, J. C., Osuna, J. B., & Obrador, M. (2017). Realidad aumentada aplicada a la enseñanza de la medicina. *Educación Médica, 18(3)*, 203-208.

Arroyo, E. (2017). Las tecnologías cuánticas, La física que revolucionará las máquinas. Ed. RBA.

Bai, Z., Blackwell, A.F., Coulouris, G. (2015). Using augmented reality to elicit pretend play for children with autism issue. IEEE, Trans.Vis. Comput. Graph, 21 (5), 598-610.

Baños, J.C.; Botella, C., Pérez, D., Alcañíz, M. & Monserrat, C. (2006). An augmented reality system for the treatment of acrophobia: The sense of presence using immersive photography. Presence: Teleoperators & Virtual Environments, 15, 393-402.

Billinghurst, M. (2002). Augmented Reality in Education. Seattle WA: New Horizons for Learning - Technology in Education.

Botella, C., Quero, S., Serrano, B., Baños, M. y García-Palacios, A. (2009). Avances en los tratamientos psicológicos: la utilización de las nuevas tecnologías de la información y la comunicación Anuario de Psicología, vol. 40, nº 2, septiembre, pp. 155-170.

Botella, C., Bretón-López, J., Quero, S., Baños, R.M. & García-Palacios, A. (2009). Treating cocroach phobia with augmented reality. Behavior Therapy (in press).

Botella, C., Juan, M.C., Baños, R.M., Alcañiz, M., Guillén, V & Rey, B. (2005). Mixing realities? An application of augmented reality for the treatment of cockroach phobia. CyberPsychology & Behavior, 8, 162-171.

Bower, G. H. (1981). Mood and memory. American Psychologist, 36(2): 129-148.

Bufill, E. (2010). La evolución del cerebro. Ed. Rafael Dalmau.

Catuara, S. (2018). Las neuronas espejo. Aprendizaje imitación y empatía. Es. Bonatella Al compas.

Chaitin, G. (2012). Demostrando a Darwin. Ed. Tusquets.

Colado, S. (2018). Visión estratégica de las viviendas y edificios inteligentes en el horizonte 2030. Smart Living Plat.

Colado, S. et Al. (2103). Smart City. Hacia le gestión inteligente. Ed. Marcombo.

Comellas, J.L. (2011). Historia de los cambios climáticos. Ed. Rialp.

Cortufo, T.; Ureña, JM. (2018). El cerebro y las emociones. Sentir, pensar, decidir. Ed. Bonalletra Alcompas.

Cózar-Gutiérrez, R., Del Moya, M., Hernández, J.A., Hernández, J.R. (2015). Tecnologías emergentes para la enseñanza de las Ciencias Sociales. Una experiencia con el uso de la Realidad Aumentada en la formación inicial de maestros. Digital Education Review, 27, 138 -153.

Cozar-Gutiérrez, R., Sáez, J. M. (2017). Realidad aumentada, proyectos en el aula de primaria: experiencias y casos en Ciencias Sociales.

Dawkins, R. (2000). El gen egoísta: las bases biológicas de nuestra conducta. Salvat Editores, S.A.

Dean, L.G. et al (2001). Identification of the social and cognitive proceses underlying human cumulative culture. Science vol 335, págs. 1114-1118.

De Luis, Edurne & Lainez, Borja & Busto, Jesus & López Benito, Jorge R. (2018). Aportaciones de la Realidad Aumentada en la inclusión en el aula de estudiantes con Trastorno del Espectro Autista. EDMETIC. 7. 120. 10.21071/edmetic.v7i2.10134.

Dertouzos, M. (2001). Unfinished revolution: human-centered computers and what they can do for us. HarperCollins

De Rosnay, J. (2019). Epigenética. La ciencia que cambiará tu vida. Ed. Ariel.

DiVincenzo, D.P. (2006). Quantum Computation. IBM.

Dudley, D. (diciembre de 2018/enero de 2019). AARP Tecnología personal "El futuro de la realidad virtual en la salud y los juegos". URL https://www.aarp.org/espanol/hogar-familia/tecnologia/info-2019/beneficios-uso-de-realidad-virtual-vr-en-atencion-medica.html

Eagelman, D. (2013). Incógnito. Las vidas secretas del cerebro. Ed Anagrama.

El Hamdouni, Y. (2013). Internet y la primavera árabe: hacia una nueva percepción del ciberespacio. Paix et Securité Internacionales nº 1

Escudero, A. (2009). La Revolución Industrial: una nueva era. Ed. Anaya.

Firth, J et al (2019). The "online brain": how the Internet may be changing our cognition. World Psychiatry. URL: https://doi.org/10.1002/wps.20617

Gayner, K.M. et al (2018) The influence of human disturbance on wildlife nocturnality. Science vol 360, págs. 1232-1325

Gödel, Kurt (1931). «Über formal unentscheidbare Sätze der Principia Mathematica und verwandter Systeme, I». Monatshefte für Mathematik und Physik (en alemán) 38: 173-198. doi:10.1007/BF01700692.

Traducido al castellano en:

——— (1981). Jesús Mosterín, ed. Obras completas. Alianza Editorial. ISBN 84-206-2286-9.

——— (2006). Sobre proposiciones formalmente indecidibles de los Principia Mathematica y sistemas afines. KRK Ediciones. ISBN 978-84-96476-95-0.

Guijarro, V.; González de la Lastra, L. (2015). La comprensión cultural de la tecnología. Una introducción histórica, Madrid, Universitas.

Hampson. R.E. et al (2018). Developing a hippocampal neural prosthetic to facilitate human memory encoding and recall. J. Neural Eng. 15

Haws, J. (2018). El futuro de la evolución humana. Investigación y Ciencia.

LaBar, K. S. & Cabeza, R. (2006). Cognitive neuroscience of emotional memory. Nature Reviews Neuroscience, 7: 54-64.

Lahoz-Beltra, R. (2010). Las matemáticas de la vida. Modelos numéricos para la biología y la ecología. Ed. RBA.

López de Mántaras, R.; Mesegues, P. (2017) ¿Qué sabemos de? Inteligencia artificial. Ed. Catarata.

Mangado, I. (2017). Emociones e inteligencia social. Ed. Ariel

Mares, F.; Roca, M. (2017). Descubriendo el cerebro. Ed. Destino.

Martinez de Velasco, A. (2015). Las Revoluciones Industriales. Ed. Santillana.

McGonigal, J. (2011). Reality is broken. Why games make us better and how the can change the world. Ed. Random House UK.

Mott, S., Bucolo, L., Cuttle, J., Mill, M., Hilder, K., Miller, R. & Kimble, R.M. (2008). The efficacy of an augmented virtual reality system to alleviate pain in children undergoing burns dressing changes: A randomised controlled trial. Burns, 34, 803-808.

Nielsen, M., Chuang, I. (2000). Quantum Computation and Quantum Information. Cambridge: Cambridge University Press. ISBN 0-521-63503-9.

Noah, Y. (2013). Sapiens. De animales a dioses. Ed. Penguin Random House

Noah, Y. (2017). Homo Deus. Ed. Debate

Noah, Y. (2019). 21 lecciones para el siglo XXI. Ed. Debate

Öst, L.G., Salkovskis, P.M. & Hellstrom, K. (1991). One-session therapist-directed exposure vs. self-exposure in the treatment of spider phobia. Behavior Therapy, 22, 407-422.

Parra, S.; Torrens, M. (2017). La inteligencia artificial. El camino hacia la ultrainteligencia. Ed. RBA Editores.

Peters, T. (2016). Sostenibilidad social en contexto: redescubriendo Bo-Miljø de Ingrid Gehl. Research Gate. ARQ 20 (4): 371-380. Extracted from: https://www.researchgate.net/publication/311271594_Social_Sustainability_in_Context_rediscovering_Ingrid_Gehl's_Bo-Miljo/citations

Piñeiro, GE. (2012). Los teoremas de incompletitud. Gödel. La intuición tiene su lógica. Ed. RBA Editores.

Pulido, R. D. (2015). Incidencia de la realidad aumentada sobre el estilo cognitivo: caso para el estudio de las matemáticas. *Educación y educadores, 18(1)*, 7.

Redolar, D. et al (2014). Fundamentos de psicobiología. Ed. UOC.

Reader, S.M.; Caland, K.N. (2002). Social Intelligence, innovation, and enhanced brain size in primates. Proceeding of the National Academy Sciences, vol 99, pags 4436-4441

Rial, A. (2016) Repensar el cerebro. Secretos de Neurociencia. Ed. Sin fronteras PUV.

Rosling, H. (2018). Factfulness. Ed. Deusto.

Sánchez, J,V, (2019). La memoria. Las conexiones neuronales que encierran nuestro pasado. Ed. RBA.

Sagan, C. (1993). Los dragones del Eden. Ed. Planeta.

Sapolsky, R. M. (2011). Are humans just another primate? Conferencia grabada. URL: fora.tv/2011/02/15/Robert_Sapolsky_Are_Humans_Just_Another_Primate

Schilthuizen, M. (2018). Darwin cores to town: How the urban jungle drives evolution. Picader.

Schwab, K. (2016). La cuarta revolución industrial. ED. Penguin Random House.

Singer, C., Holmyard, E.J., Hall, A. R., Williams, T. I. (eds.), (1954-59 y 1973) A History of Technology, 7 vols., Oxford, Clarendon Press. (Vol. 6 y 7, 1978, ed. T. I. Williams).

Smith, W. (2010). La evolución: hechos y fantasías. Ed. El Barquero.

Suddendorf, T. (2013). The gap: The science of what separates us from other animals. Basic Books.

Suddendorf, T. et al. (2018). Prospection and natural se ection. Current Opinion in Behavioral Sciences, vol 24. Pag 26-31

Tattersall, I. (2000) Homínidos contemporáneos. Investigación y Ciencia

Tattersall, I. (2017) A golpe de suerte. Investigación y Ciencia nº 87

The Future of Jobs Employment, Skills and Workforce Strategy for the Fourth Industrial Revolution (2018). World economic forum. Extracted from: http://www3.weforum.org/docs/WEF_Future_of_Jobs_2018.pdf

Tomasello, M. et al. (2010). ¿Por qué cooperamos? Katz Editores.

Tomasello, M. (2014). A natural history of thinking. Harvard University Press.

Tubay, M. A., Muñoz, S. M., & Parrales, J. A. (2018). Sistema computacional de realidad aumentada para la solidificación del aprendizaje en la educación básica. *Journal of Science and Research: Revista Ciencia e Investigación, 3(CITT2017)*, 61-64.

Valderas, JM (2017) La Conciencia. La más enigmática de las funciones cerebrales. Ed. RBA Editores.

VVAA (2012). Origen del pensamiento. Informe especial publicado en Investigación y Ciencia

Wang, Z., Busemeyer, J.R. (2015). What Is Quantum Cognition, and How Is It Applied to Psychology?. Research Article URL https://doi.org/10.1177/0963721414568663

Washburn, S. (1978). La evolución de la especie humana. Investigación y Ciencia.

West, G. et al (2007). Growth, innovation, scaling, and the pace of life in cities. PNAS URL https://doi.org/10.1073/pnas.0610172104

We are social (2018) "Digital in 2018 Global Overview"

www.ingramcontent.com/pod-product-compliance
Lightning Source LLC
Chambersburg PA
CBHW060831220526
45466CB00003B/1061